メタデータ技術と
セマンティックウェブ

曽根原 登・岸上順一・赤埴淳一【編著】

Metadata Technology
and
Semantic Web

東京電機大学出版局

本書の全部または一部を無断で複写複製（コピー）することは，著作権法上での例外を除き，禁じられています．小局は，著者から複写に係る権利の管理につき委託を受けていますので，本書からの複写を希望される場合は，必ず小局（03-5280-3422）宛ご連絡ください．

はじめに

なぜメタデータか？

　ラジオ，電話，テレビからインターネットにまで発達した情報インフラは，電気，水，ガス，ガソリンなどと同じように今や生活必需品（ネセスティ）となっている．デジタルコンテンツもまた衣食住の商品や自動車，家電製品と同じくどこでも購入できる大衆商品（コモディティ）となっている．
　デジタルコンテンツは1と0の記号列で構成されているため，時間や物理的な量とは無関係である．時間と無関係であるからいつまでも存在し続け，変化することはない．デジタルコンテンツには，意味や価値，効果の概念は含まれていない．これらはアプリケーションによって定まるものとされている．当然のことながら，ビットには所有を表現する余地はない．デジタル技術は，そういった物理世界の機能・性能的な限界を克服し，自由で平等な情報共有環境を実現するために進歩してきたのであるから，当然とも言える．
　しかしこのことは，われわれが日常生活をする上で扱う物財としてのモノや，電子技術を駆使した家電や機器などとは違い，流通の側面からはその扱いを極めて困難なものとしている．例えば，コンテンツを誰が創作したのか，誰が所有するのか，どこにあるのか，どのように探し出すのか，価格はいくらなのか，購入した後の利用や改造はどこまで可能なのか，といったさまざまな問題がそれである．
　このようなデジタル世界での著作権や特許権など知的財産権の共有と独占，所有と利用の扱いといった問題の基本は，連続というアナログ世界と，離散というデジタル世界の世界観の違いに根ざしている．したがって，デジタル時代にふさわしい制度設計や，流通モデルの開発，デジタル商取引の習慣，さらには教育や倫理の再構築が必要になる．その再構築を下支えするのがメタデータ技術である．

メタデータが牽引する ICT（情報通信技術）

　このような時代背景のもと，メタデータという概念は急速に普及してきている．一部の研究者の研究対象というよりは，大衆技術になっている．それでは，なぜ今メタデータが注目されてきているのだろうか．本書は，まずメタデータがどうして広まってきたのかを，技術，標準化，ビジネスの面から概観し，その意義を解説する．さらに，技術的にメタデータをどう捉えればよいのか，あるいは標準化はどのような方向に動いているのかを述べる．また，メタデータの元祖とも言うべきダブリンコア（Dublin Core）の動きと MPEG でのメタデータの動きを対比しながら，コンピュータ処理に適した XML（eXtensible Markup Language）をベースにしたメタデータアーキテクチャの動向を紹介する．

次世代ホームページとは？

　ウェブがインターネットやブロードバンドの普及に果たした役割は大きい．個人のインターネット利用の複数回答の調査によると，その 57% はウェブの情報検索であり，1 位の電子メール（58%）とほぼ同じ利用率となっている．また，日本のウェブの総ファイルのうち，70% が画像で，テキストは 30% である．このためウェブは，ストレスのない情報検索サービスを提供するというブロードバンドネットワークサービスのキラーアプリケーションであった．

　現在のウェブ情報検索は，ウェブページのテキスト解析とページ間のリンク解析に基づく検索技術が主流である．このような検索技術は，テキストが主体であった従来のウェブでは有効に機能していたが，画像や動画などのコンテンツには有効ではない．画像や動画，音声など多様なコンテンツを扱うためには，そのコンテンツが何を表しているかなどの意味を付加する必要がある．

　セマンティックウェブは，情報をその意味に基づいて処理する次世代のウェブである．セマンティックウェブでは，対象領域の意味構造（オントロジと呼ばれる）に基づいて，情報の意味がメタデータとして付与される．例えば，絵画コンテンツの作者や作成時期に関するメタデータを用いて作品が検索可能となる．

　セマンティックウェブ技術により，情報検索だけではなく，情報の編集や要約など，意味に基づく情報統合も可能となる．意味付けされるのは，コンテンツだけではない．利用者端末の種別やディスプレイの大きさなどのメタデータを用い

て，携帯電話やPCへのコンテンツの配信も可能となる．さらに将来的には，利用者の位置や環境など状況に応じた情報提示も期待できる．

情報発信文化力を向上させるセマンティックウェブ

家計の支出構造を見ると，教育，娯楽，放送，携帯，新聞，インターネットなど情報と通信に関連する費用が家庭の支出に占める割合が，年々高まってきている．それは人と社会の成熟に応じ，衣食住への欲求，生活の安全や安定への欲求から，仲間と楽しく群れ合う連帯欲求や社会参加といった欲求へ変化したこと，また社会での存在感や情報発信といった自己表現や実現欲求の充足に対してお金を使うようになってきたことが原因と考えられる．とすると，デジタル産業はこのような自己表現や自己実現欲求を充足する構造に転換していかなければならない．

日本ではインターネット利用の多くが情報検索であるのに対し，欧米では情報発信ツールとして利用するという割合が多い．そこでこれからは，情報を享受する時代から，個人や家庭から情報発信する，あるいは情報発信できるコンテンツを制作していくことが必要となる．情報の発信が家庭や個人から行われ，知的情報生産の底辺が広がれば，必然的に情報の質が高まり，それを輸出できる．情報発信という文化力の強化こそが情報産業の国際競争力の鍵である．

その強力な手段として，次世代ホームページとしてのセマンティックウェブがある．第II部ではメタデータを駆使したセマンティックウェブの意味と基礎，標準化などを述べる．

動き出したメタデータ流通サービス

世界の情報産業はコンテンツ関連の市場比率がますます増加し，設備投資からコンテンツへの投資へと流れが変わりつつある．プロのコンテンツから家庭や個人が発信するコンテンツへ，そして配信もBtoB，BtoCからPtoP（Peer to Peer）などを用いたCtoC（Consumer to ConsumerまたはCommunity to Community）へと大きな変動が起きている．このような情報流通産業を活性化していくのがメタデータ技術である．

メタデータを用いたさまざまな応用サービスが研究開発され，中には商用化されているシステムもある．第III部では，メタデータを活用した電子政府，デジタ

ル放送，オンラインニュース配信，学術コンテンツ流通，サイエンスコンテンツ共有，デジタルシネマ流通などの具体的な取り組みについて紹介する．すでに多くのビジネスに用いられている分野もあれば，これからのビジネスに備えて標準化を進めている分野もある．

2005年12月

曽根原　登
岸上　順一
赤埴　淳一

目次

序章　メタデータのもたらすものとは　1

1　膨大なデータの到来 1
2　セマンティックウェブにおけるコンテキストとは 4
3　身近なメタデータ 7
4　コンテンツとメタデータとID 9
5　誰がメタデータを作るのか 11
参考文献 12

第I部　メタデータ

第1章　メタデータアーキテクチャ　14

1.1　メタデータとは 14
1.2　IDの種類と原情報へのリンク 17
1.3　リゾルブの意味 19
1.4　標準化の必要性 21
1.5　RFIDとの類似性 30
1.6　アーキテクチャ 32
参考文献 37

第2章　標準化の流れ　38

2.1　インターネット 38
2.2　情報の流れ 39
2.3　メタデータの種類 43
参考文献 50

第3章 メタデータ基本技術とその背景　51

- 3.1 制度と技術 51
- 3.2 全般的な標準化への動き 52
- 3.3 権利記述 55
- 3.4 検索技術 60
- 3.5 生成技術 61
- 参考文献 62

第II部　セマンティックウェブ

第4章 セマンティックウェブの意義　64

- 4.1 セマンティックウェブの必要性 64
- 4.2 セマンティックウェブのアーキテクチャ 65
- 4.3 オントロジの役割 68
- 4.4 セマンティックウェブが拓く新たなブロードバンド社会 69
- 4.5 ブロードバンド社会の情報流通基盤 70
- 4.6 ブロードバンド社会のコンテンツと情報 73
- 4.7 ブロードバンド社会での新たなコミュニケーション 75
- 4.8 意味的情報理論に向けて 76
- 4.9 おわりに 77
- 参考文献 78

第5章 メタデータ記述言語 RDF　79

- 5.1 RDF の概要 79
- 5.2 RDF の概念 80
- 5.3 RDF の XML 記述 82
- 5.4 RDF の利用例：RSS 86
- 参考文献 89

第 6 章　オントロジ記述言語 OWL　90

- 6.1　OWL の概要 90
- 6.2　クラス記述 92
- 6.3　プロパティ記述 102
- 6.4　オントロジ・マッピング 109
- 参考文献 113

第 III 部　メタデータ応用

第 7 章　デジタル時代のメタデータ流通　116

- 7.1　はじめに 116
- 7.2　デジタルコマースの課題 117
- 7.3　情報発信文化の形成 120
- 7.4　メタデータ流通基盤 122
- 7.5　権利メタデータとコモンズ 129
- 7.6　おわりに 131
- 参考文献 132

第 8 章　NI メタデータ流通システム
　　　　　—— NI 日本ノード構築にむけて　133

- 8.1　はじめに 133
- 8.2　海外の動向と国際協力 135
- 8.3　NI メタデータ流通基盤 138
- 8.4　サイエンス情報流通基盤の例としての NI 日本ノード 139
- 8.5　NRV プロジェクト 143
- 8.6　NI 基盤技術 147
- 8.7　おわりに 148
- 参考文献 149

第 9 章　電子政府　　151

9.1　英国の動向 151
9.2　オーストラリアの動向 158
9.3　米国の動向 159
9.4　日本の動向 162
9.5　おわりに 163
参考文献 163

第 10 章　学術情報流通とメタデータ　　165

10.1　はじめに 165
10.2　学術コミュニケーション 166
10.3　機関リポジトリ 169
10.4　NII メタデータ記述要素 173
10.5　おわりに 176
参考文献 177

第 11 章　新聞社のメタデータ技術への対応
　　　　　―― NewsML を中心に　　179

11.1　はじめに 179
11.2　NewsML の日本への導入 180
11.3　NewsML バージョン 1 の概要 181
11.4　新聞協会による国内標準化活動 185
11.5　NewsML の実装状況 186
11.6　新聞界で注目されるその他のメタデータ技術 190
11.7　今後の展開――結語として 191
参考文献 192

第 12 章　サーバ型放送とメタデータ　　193

12.1　はじめに 193
12.2　サーバ型放送でさらに広がる放送サービス 194
12.3　放送メタデータ技術 196

12.4	サーバ型放送を支える安全・安心の技術	198
12.5	教育への応用を目指す T-ラーニング	202
12.6	おわりに	204

第 13 章 デジタルシネマのメタデータ流通　205

13.1	はじめに	205
13.2	映画学校ネットワーク実験	206
13.3	Digital Cinema Gate システム	212
13.4	デジタルシネマのメタデータ	217
13.5	おわりに	221
	参考文献	222

参考 URL　223

略語一覧　226

索引　231

序章

メタデータのもたらすものとは

1 膨大なデータの到来

　デジタル化は，人類がその歴史の中で経験できる数少ない大いなる革命と言えるであろう．そしてその影響と本質を明確に捉えることは，今後のビジネスに必須である．しかしその変化があまりにも顕著であるため，人間生活へのデジタル化のもつ意味を見極めることは難しい．デジタル化の革命が進むにつれ，われわれの周りには知らないうちに膨大な情報，あるいはコンテンツが存在するようになってきた．インターネットがそれを大きく牽引している．日々更新され，増加する膨大なウェブの情報量，最近はそれにブログ（Blog）やソーシャルネットワーキングサイト（SNS）などの個人日記的なものも加わり，さらに従来のテレビ，新聞，雑誌もその情報量は増加の一途をたどっている（図1を参照）．情報洪水の中にいるという表現はかなり前からされてきている．それは多分事実だろう．しかしそれに対するメリット，デメリットあるいは利用方法，選択方法などの対策というものはなかなか語られることはない．

2　序章　メタデータのもたらすものとは

図1　膨らむコンテンツ

　図2に日本における総インターネットコンテンツ量の推移を載せた [1]．約 14 TB ということになっている．これは公共図書館4館分の情報に匹敵する．紙という媒体で 100 年近くかかった情報量が，ここ数年で追いついたということになる．同じ情報通信政策研究所の調査では，社会生活基本調査から，2001 年度のインターネット利用行動者数が 5200 万人とされている [2]．そのほとんどは電子メール等の情報交換に用いられている．そのためトラフィックの伸びも年間2〜3倍で推移しており，2003 年には最大で 90 Gbps に達している．これは同時期のイギリスのインターネットのトラフィックの3倍程度になっている（図3を参照）．

　世の中の流れとマスコミでよく語られること，それらが自分の実感として感じられることはあまりないものだ．IT 革命という言葉はよく聞いても，それがどのように日々の仕事や生活に関わってきているのかは，本当のところよくわからな

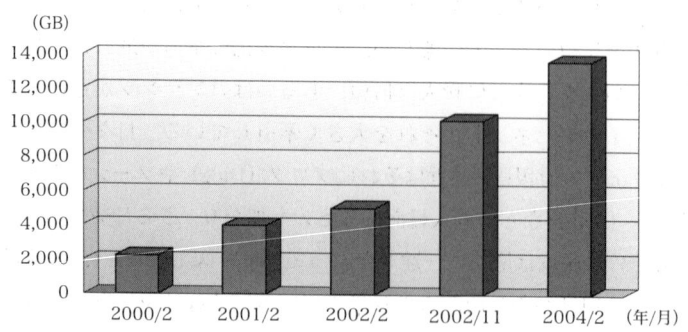

図2　日本のインターネットコンテンツ量 [1]

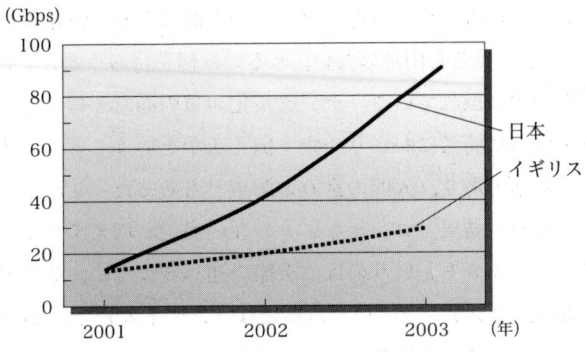

図3 IX (Internet eXchange) のトラフィック交換量 [2]

いという人が多いのではないだろうか．ここ 10 年くらい確実に体感されるのが電子メールの台頭だという人は多い．事実多くのオフィスが静かになっている．それは電話によるコミュニケーションが極端に減ったためだろう．その分，いやその 10 倍以上も電子メールの数は増えている．もちろんその中には，困った存在のスパムやウイルスも含まれているが，それらを除いても一日 100 通以上のメールのやりとりをしている人は少なくはない．電話では不可能な量だ．しかも，一通一通のメールは必ずしも即答できるような内容ばかりとは限らない．

　メールを用いて時間的にも空間的にも離れた人が一つのことをコラボレーションで仕上げることができる．メールの大きな特徴であろう．その過程では多くのファイルが添付でやりとりされる．しかし，多くの人が最終的に使われなかったファイルを捨てられずに残しているのだろう．ファイルの管理がきちんとできれば，最終のファイルとそこに至るまでの差分だけを残すことにより情報の量，あるいはファイル量はぐんと減らせる．しかし，それに適当なプログラムがないことや，面倒なことから全部を残すことになる．最近はパワーポイントを用いて資料やプレゼンの材料を複数の人で作ることが多い．と言うよりも仕事の大半の時間をそれに取られている人も多いのではないだろうか．しかも大きな写真をそのまま貼り付けたり，グラデーションや必要以上に多くの色を使うことにより，数 MB を超えるファイルを作っている例をよく見る．

この例が象徴しているように最近はツールが立派になり，情報量が増えすぎたため，一見立派，よく見ると中身のない，あるいは何を言おうとしているのか意味不明なものが世の中に溢れている．デジタル化の負の面だと言える．人に伝えたいこと，それをいかに簡潔にわかりやすく伝えるかということは，昔からコミュニケーションの基本であり，人間の営みの源泉でもあった．しかし，ここに来て形だけリッチになった結果，コンテキストのない表現が増えてきているように思える．ここでコンテキストというのは，次節で述べるように，その表現内容そのもののことである．コンテンツという言葉にはコンテキストを含む場合もあるが，ここではコンテンツはその表現そのものを示すことにする．したがってコンテキストのないコンテンツというものも存在はする．よく言うところの何を伝えたいのかわからないというものである．

2　セマンティックウェブにおけるコンテキストとは

それではコンテキストとは何であろうか．それはそのコンテンツのもつ意味，意図である．あるいは意味の集合として訴求するものである．元々 IT の世界では，Perl のようなプログラミング言語において，ある命令のもつ意味や前提を定義するものとして使われていた．しかし，それがここ数年で一般化し，時間，場所，状況に応じてカスタマイズすることを前提として理解されることが多くなってきた．それをシステマティックに追求したものがセマンティックウェブだと言えよう．以下にセマンティックウェブをコンテキストの側面から整理してみる．まさに使われるコンテキストによってさまざまに解釈されている．

- 言語的な意味は？
    —— 文脈
- プログラムの用語としては？
    —— プログラムを実行する際，処理内容を選択する判断の材料となる，プログラムの内部状態やステータス，与えられた条件など
- ウェブコンテンツの場合は？
    —— ウェブを運用する目的，運用体制，費用など

- ビジネスの場合は？
  ——会社の将来へのビジョン，ビジネスモデル，マーケティング戦略，ブランド戦略など

情報の集まりをコンテンツとしよう．英語ではコンテントであるが，なぜか日本語では複数形で呼ばれることが多い．英語でテーブル・オブ・コンテンツと言えば目次のことである．しかし，ここでは使い慣れているコンテンツと呼ぶ．

従来のコンテンツは放送型で，誰にでも同じように，つまり同じ内容を同じ時間に提供してきた．もちろん電波はそれを最も安価に実現できるメディアであり，それにより同時に多くの人が見ることを利用した無料放送モデルが成り立つのである．しかし，実際はビデオに録画して，自分の好きな時間に見る人が増え，さらに最近はハードディスク内蔵のVTRを用いて，多分見たいだろうというようなコンテンツまであらかじめ録画しておき，適当なタイミングでそれを見るという視聴形態が一般化してきている．コンテンツの中身までは触れないものの，その視聴時間は視聴者がカスタマイズしている．つまり同じコンテンツではあるが，視聴者がそのコンテキストを制御していると言えないこともない．その条件は，コンテンツの内容，例えば，ジャンル，出演者，長さ，作者，放送局など，それから視聴者の好み，年齢，性別，住居地域などが関わっている．この項目がメタデータである．前者はコンテンツそのものを表現するもの，後者はユーザの好みを表現するものである．

根来は「対話型戦略論：コンテキストの吟味と共創」の中で以下の四つの種類を示している [3]．

物理コンテキスト	認知や決定・行動が行われる具体的な空間，時間，場所
文化コンテキスト	認知や決定・行動の意味付けを支える他の認知や決定・行動の（時に明示的でない）存在
情報コンテキスト	認知や決定・行動の「意味」を理解するために必要な関連情報
論理コンテキスト	認知や決定・行動の妥当性・正当性の根拠

今後，コンテンツはこれらのコンテキストを理解したものが重要になると考えられる．もちろん，コンテキストを無視したコンテンツもある．主にこれまでの

コンテンツはそうであった．しかし，人々の多様化が進んだ今，すべての人が同じ状況で同じように感受するということは困難になってきている．また，メディアの技術も進んだため，それぞれのコンテキストに合わせた提供が安価にできるようになったのである．きめの細かいサービスが可能になったということになるのだろう．

さて，このコンテキストをコンテンツに反映させる架け橋になるものがメタデータである．少し抽象的な言葉ばかりなので，例を示してみよう．最近は電子政府，電子自治体など，地方自治においても住民へのさまざまな情報提供を盛んに行う傾向がある．しかし，地方政府が発信する情報はローカル性が高く，ある地域に非常に重要なことが，隣の地域ではまったく役に立たないことが多い．例えば高輪4丁目では燃えるごみの日は毎週月曜日と木曜日なのに，隣の高輪3丁目では火，金である．このようなことが多いため，港区の新聞ではすべての地域の情報をテーブルにして載せなければならない．しかし，それぞれの住民が必要なのはそのうちの一行だけである．また，例えば，65歳以上の人向けの医療サービスの情報は，高齢者のいない家庭においては無意味である．この例において，コンテンツは医療サービスやゴミ回収日情報である．メタデータとしては，地域，対象年齢，曜日，時間，費用などが考えられる．

2001年5月にイギリスではすべての公文書にメタデータを付けるという大胆な政策を施行した．普段国民のためのさまざまな規則や規約などは，ほとんど参照されない．そこでメタデータを付けることにより，必要な人，組織，場合に合わせて検索ができるような仕組みを作ったのである．またEUでも，10以上の異なった言語が存在する20以上の国のさまざまな取り決めを融合させるため，メタデータを用いたアプローチを行っている．例えばごみの収集に関する連絡では，不燃ごみを分けるか，曜日，費用，出し方などをメタデータで記述すれば言語にかかわらず，理解しやすくなる．

3 身近なメタデータ

　メタデータと言うと，抽象的でわかりにくいかもしれないが，実際には多くのビジネスで使われている．そのいくつかを紹介することによってイメージを掴んでもらおう．

　『ぴあ』という雑誌が創刊されたのは1972年である．すでに30年以上の歴史をもっている．どこでどんな映画が上映されているか，どんな芝居が上演されているかといった情報ばかりの雑誌は，最初は奇異に思われたかもしれない．しかし，その後ほかにもいわゆる情報誌が創刊され，人気を呈している．ここで掲載されている情報は，すべてメタデータであると言ってもよいであろう．どこで，何という名前の劇が，誰が主演で，何時から上演されるかという5W1Hにあたる内容から，概要や関連情報など，多岐にわたっているが，決してコンテンツそのものを載せることはしない．コンテンツは芝居そのものなのだから．客観的に見ると，ユーザはメタデータのデータベースである『ぴあ』を購入し，自分の好みのメタデータと頭の中でマッチングをとり，その他費用やスケジュールなどとの関係から必要なチケットを購入するのである．このチケット販売も『ぴあ』が代理店として大きな役割を果たしている．今は電話やインターネットだけではなく，携帯のサイトなどからも予約が可能である．こうしてコンテンツにたどり着くまでの一連のプロセスを，メタデータを駆使して営んでいるのが『ぴあ』だと見ることができる．

　同じような例にラテ欄と業界で呼ばれている，新聞などのテレビ，ラジオ番組表がある．図4に例を示す．新聞の購読者のかなりの目的がこのラテ欄にあるという人もいるくらいだ．これも単純なメタデータ，すなわちチャネル，時間，タイトル，出演者，概要という項目を羅列しただけのものである．しかし，コンテンツにたどり着くための重要な役割を果たしている．従来放送局は，ラテ欄は広報になるので，この番組表を提供している会社に無料で情報を提供していたのだが，メタデータの重要さと，それを用いたビジネスの可能性がデジタル放送などで見えてきたため，無料提供を見直す動きもあるらしい．いくら良いコンテンツがあっても，ユーザがそれを知らなければ何の意味もない．そのため，この番組表はテレビ局，ラジオ局にとっては非常に重要なのである．最近はEPG (Electronic Program Guide，電子番組ガイド) が出てきて，ハードディスク内蔵型のVTRな

	1ch ABC	3ch ABC-E	4ch NBC	6ch TBC	8ch CBC
12	12:00 ニュース 12:20 お昼のバラエティ 出演 三遊亭 XX 12:45 連ドラ	12:00 ビジネス英会話 12:20 パソコン講座	12:00 阪神対巨人 甲子園球場	12:00 お笑いバラエティ「今年もいくぞ」出演 ABCD	12:00 お昼にこんにちは「新宿サテライトスタジオから」出演 山田 YY など
13	13:00 ニュース 13:10 スタジオからこんにちは	13:00 フランス語教室 13:20 実践フランス語会話「パリからの中継」			13:00 新春歌謡祭 出演 ABC, DEF, その他

図4　ラテ欄の例

どでは，EPGを用いて録画したり，選択できたりする機能が備わっている．しかし，これも紙のもっている一覧性という魅力にはなかなか勝てない．さらに，ラテ欄には録画するのに便利なGコードという特殊なIDが一緒に書かれている．これはチャネルと時間を暗号化したもので，これをVTRに登録することによって，録画したい番組の開始，終了時間とチャネルが自動的に記憶されるという機能がある．これなども非常に特殊なメタデータと考えることができよう．IDも一種のメタデータとみなすことができる．

電話帳も一種のメタデータの集まりと考えることができる．電話番号，住所，登録名，職業だけしかない．昔から電話番号の検索に多く用いられてきているが，さらに，買いたいものを探したり，修理してくれるところを探したりするときに便利である．最も有名で身近なデータベースと言えよう．これはメタデータが非常にタイトに詰まったものであり，冗長性がほとんどないと考えられる．しかし，世の中のメタデータは必ずしもこのようなきちっとしたものだけではなく，冗長性をもたせたものが多い．それは実際の人間の営み自体がそうであるからである．

メタデータの一番の使われ方が検索であろう．インターネットでは検索エンジンは高速化の一途をたどり，毎日ロボットを走らせて世界中のウェブからインデックス情報を集めている．その情報を全文検索して，ユーザの入れた言葉とのマッチングを一瞬で行う技術は非常に高度なものである．しかし，これでも自分の本当に欲しいコンテンツがなかなか見つからないという経験をしている人も多

いのではないだろうか．

このため <meta> タグがあり，そこにコンテンツの情報を入れておくという方法も使われている．しかし，より的確に検索するためにはメタデータがコンテンツに付いていることが望ましい．これは一部の検索エンジンでさまざまな試行がなされている．一般的なページすべてから探すのではなく，子供の関心に限定したページから検索する，論文だけを対象に著者，タイトルなどからより的確に検索するなどである．

同じようなことがファイルシステムにおいても起こってきている．例えば筆者の PC の中には 45 万程度のファイルが入っている．比較的整理して置いているつもりではあるが，必要なファイルを探せず，ファイル名などで検索をかけることも少なくない．しかし，各ファイルにきっちりメタデータが付いていれば，それを検索するだけで，特にフォルダ単位での管理をしなくてもよいのである．将来のファイルシステムはそのようなものになるだろうと言われている．数十万のファイルを個人がきちんと管理することは，もはや無理である．

4　コンテンツとメタデータと ID

図 1 では膨らみ続けるコンテンツのイメージを表してみたが，実はそれと同じ大きさのもう一つの塊がメタデータである．この二つの世界を結び付けるものが ID である．ID とは Identifier（識別）の略であり，一つひとつのコンテンツを個別に識別する役割を果たす．ID も広い意味ではメタデータの一種であるが，ここではあえて分けて考えてみた．コンテンツ一つひとつには ID がタグのようにバンドル（紐付け）されている．ここでコンテンツは主にデジタルコンテンツを仮定しているので，実際には絵に書いたような物理的なタグをくっつけることができない．詳細は第 1 章に記述するが，電子透かしなどの方法によって ID をコンテンツに紐付けることは可能である．一般的に ID はダムデータと呼ばれ，それ自体は単なるシリアルデータであることが多い．そのためコンテンツの属性＝メタデータを調べるためには，リゾルブというプロセスを用いて，ID からメタデータのアドレスを探しにいくということが必要になる．このプロセスにより，検索や決済，権利処理という複雑なことが可能になるのである．これらの様子を図 5 に

図5　メタデータとID

表現した．デジタル化されたコンテンツ，それが音楽でも，ニュースでも，映画でも，新聞の記事でも，それぞれにIDが付与されている．

これは何もデジタルコンテンツになって始まった仕組みではない．従来のパッケージメディアやアナログメディアでも行われていたのである．例えば，アナログのレコードやCDではジャケットにそのメタデータが記述されており，それを読むことによりさまざまな情報が得られる．また歌詞などの詳細データは別紙で添付されていることも多い．この場合IDはあってもメタデータと結び付けられることはない．ネットワークを介して情報を取りにいく必要がないからである．

こう考えると，コンテンツとメタデータあるいはIDのアンバンドル化はネットワークの進歩がもたらした仕組みと考えることができる．昔のように，遅く高いネットワークだといちいちネットワークを介して個々の情報を取りにいくということは経済的にも効率的にもあり得なかったからである．ネットワークを介さなければメタデータが取れないという仕組みは一見不便そうに見える．しかし，同じメタデータを複数の人や組織，アプリケーションが使うことを考えると，非常に便利な世界が見えてくる．そして，そこにこそメタデータの活躍する場があるのだろう．

5　誰がメタデータを作るのか

　メタデータが整備されていると便利だということは，なんとなく理解されるであろう．しかし，問題は誰がそれを整備するのかということであろう．これと同じことはデータベースにも言える．メタデータの整備はデータベースの整備と等価である．インセンティブとそれを与えるしっかりとしたビジネスモデルが必要である．残念ながら，このような大きな仕組みを仕掛けるのは日本ではなかなか難しい．データベースが日常生活に入り込んでいると実感できるのはやはりアメリカだろう．生活のあらゆるところにそれが感じられる．

　飛行機を予約して搭乗することを考える．今でこそ日本でもインターネットで予約できるようになったが，アメリカではそれが5年以上進んでいた．また，乗客へのサービス，例えばフリークエントフライヤ，すなわち上得意客にアップグレードのサービスをすることを考える．アメリカだと搭乗口で申し込むだけで，その人のランクに応じたサービスがリアルタイムで受けられる．しかし，日本の航空会社では3日前，あるいは1週間前に所定の手続きをしてくださいと言われてしまう．これはデータベースが整備されていないことが原因の一つではないかと推測される．日本ではアレルギー的な反応が強かった住民基本台帳の問題も，アメリカや韓国ではあたり前のことであり，これによる多くのメリットを国民が受けている．車の免許の登録から，銀行の口座開設など生活のあらゆる部分に用いられている．これによる経済効果は計り知れない．もちろん，負の面を十分に検討された上での話である．

　このようなデータベースを用いた多くのサービスでは，一般的にデータを投入する人と，そのデータベースを用いてサービスを享受する人とが異なる．しかし，回りまわって投入した人がその利益をレベニューシェアモデルで得られるような仕組みになっている．アメリカの住民基本台帳にあたるSSN（社会保障番号）は，もちろん国が発行するもので，そのデータ投入は税金で行われているのだが，そのメリットは回りまわって国民すべてにわたっているのでこれも理にかなっている．

　では，もっと身近な例で先に出たラテ欄を考えてみよう．このラテ欄の情報は，テレビ局が出した情報，あるいはそこから聞き出した情報を運用する会社が作り，新聞社などに売っている．しかし，最近テレビ局はこれをEPGの関係からもっと有効に使おうと考えている．そうすると，テレビ局自らが作ったほうがよいか

もしれない．それを自らの番組編成やラテ欄のような外部での広報など，さまざまな目的で用いることにより，新しいビジネスが広がる．このような一種のユニバーサルサービスに近い基盤の部分は，どこかが独占して儲けるモデルではなく，レベニューシェアでそれなりの対価を戻すというモデルのほうが，これから伸びるのである．

　これまで述べてきたように，メタデータは使われるところにはすでに使われて，大きな効果を発揮しているが，まだメタデータ本来の多様性を発揮しているところは少ない．その一番期待されている部分が新しい放送形態である．デジタル化された放送は，今後インターネットなど通信とさまざまな連携がなされていくと考えられる．そこで活躍するのがメタデータであろう．

参考文献

[1] 総務省情報通信政策研究所：「情報通信政策研究所調査 2004」．
[2] 総務省情報通信政策研究所：「2004 年総務省次世代 IP インフラ研究会 第一次報告書」．
[3] 根来龍之：「対話型戦略論：コンテキストの吟味と共創」，『産能大学紀要』，第 19 巻第 2 号，1998 年 10 月．

(岸上 順一)

第 I 部

メタデータ

　メタデータという概念がここ数年急速に市民権を得てきている．5年前には一部の研究者を除けば知られなかったメタデータが，なぜ今注目されてきているのだろうか．第 I 部では，メタデータがなぜ広まってきたのかを，標準化，歴史，ビジネスの面から概観し，その意義を紐解く．特に次世代の放送，電子政府，モノに対する ID である RFID（電子タグ）との関係から，すでに一部がビジネスに応用され，従来は考えられなかった新しい世界を切り開きつつあることを紹介する．一時期はコンテンツをいかに流通させるかというアプローチであったのが，最近はその属性情報であるメタデータ，あるいは文脈であるコンテキストを生かしたビジネスが重要視されてきている．

　さらに，技術的にメタデータをどう捉えればよいのか，あるいは標準化はどのような方向に動いているのかを述べる．メタデータの元祖とも言うべきダブリンコア（Dublin Core）の動きと MPEG でのメタデータの動きを対比しながら，従来人間がわかりやすいアーキテクチャが，しだいにコンピュータが自動的に判断しやすい，XML（eXtensible Markup Language）をベースにしたアーキテクチャに移行しつつある動向を紹介する．

第1章

メタデータアーキテクチャ

1.1 メタデータとは

"data about data",これがメタデータの定義である.要はコンテンツをより広範囲に楽しむ指標となるものである.新しい放送方式である TVAF（TV Anytime Forum）[1] が目指すものはこのメタデータが大きな特徴となっている.

膨大なデジタル化されたコンテンツがインターネットなどで流通されるに従い,その検索,利用,再使用などを行うために記述されたのがメタデータである.従来インデックス,属性,記述子などと呼ばれていたものが含まれる.その範囲に関しては,検索のみの記述を表す場合から,権利,流通条件など広い範囲を示す場合もある.例えば,言語,時空間構成,フォーマット,タイトル,アクセス権利,履歴データ,役者,視聴可能時期,撮影場所などがメタデータで表される.

1.1.1 メタデータの標準化動向

　出版，放送などデジタル化，アーカイブ化が進み，さまざまな相互運用が始まるにつれ，個別の表現を流通させるためのメタデータが注目されてきている．図書館におけるメタデータの標準化活動であるダブリンコア [2] が最も早く，1995 年に Dubline で開かれたワークショップにおいて制定された，検索を主目的とする 15 のメタデータが使われている．その特徴は，単純，世界中で使用できる国際性，ウェブでも使えることなどである．出版においては 1999 年に制定された indecs[3] が有名である．これは各メタデータを表現する Element と，各 element に割り当てられたユニークな iid と呼ばれる識別番号が特徴である．

　また，放送においては EBU（European Broadcast Union）[4] のプロジェクトとして 2000 年末まで作業が行われた，P/Meta[5] と呼ばれる放送用メタデータのフォーマットと交換方式を標準化する動きがあり，音楽，出版とも相互運用を目指している．また SMPTE（Society of Motion Picture and Television Engineers）においても KLV（Key Length Value）コーディングと呼ばれる方式を用いたプロジェクトが 1997 年から検討されている．そもそもは，GPS を用いたカメラの位置情報を収録したデータにバンドルし，その内容表記の国際統一を目指したものである．現在辞書としては Node と呼ばれる大分類と Leaf と呼ばれる小分類に分けられ，KLV コード，言語，文字数などが 1,000 以上の辞書に定義されている．

　さらに，MPEG-7[6][7] においてマルチメディアコンテンツに対する検索を目的とした標準化が 1998 年から進められており，2001 年に国際標準となった．ここではデータ記述言語として XML のサブセットを DDL として定義し，コンテンツを表現するさまざまな情報をメタデータで定義している．また，1999 年，コンテンツの著作権保護と流通を目指したコンテンツ ID フォーラムが日本で始まり，著作権の情報と流通情報をメタデータで記述した標準化を目指している．

　このように，デジタル化されたマルチメディアコンテンツに対するメタデータに関しては，多くの団体が標準化を進めているが，互いにリエゾンをとりながら進めている．例えば蓄積型放送コンテンツのサービスに向けて制定された TVAF でも MPEG-7 ならびに cIDf（content ID forum）[8]，ITU-T，SMPTE などとリエゾンを結んで標準化を進めている．

1.1.2 EPGへの適用

　アメリカで一部のベンダーが始めている新しい放送方式や衛星デジタル放送では，電子的なEPGを用いて視聴者が自分の見たい番組を検索することを可能としている．TVAFでは，メタデータを用いて，より多様で自由なサービスを提供しようとしている．単なる番組の検索だけではなく，番組とインターネットの連携，あるいは番組の一部と他の番組の連携，過去に蓄積された番組と生番組との連携など，今までになかったまったく新しいサービスを提供しようとしている（図1-1を参照）．

　現在，放送局からの番組は70％が何らかの方法で蓄積されたものだと言われている．ドラマ，CM，教育番組など，すでにスタジオなどで収録されたコンテンツは決められた時間に決められたチャネルで送り出されている．この「時間」と「チャネル」を自由にし，さらにCMの付け方などからも解放してやるのである．今でも多くの視聴者がビデオに「自分で録画した」ものを見ている．そのような意味では，視聴者のほうは気付かないうちに，すでに「昔の茶の間テレビ」から明らかに違った見方になっているのである．重要なのはコンテンツの作られた空間，時間から何らかの蓄積という操作を経て視聴していることである．この蓄積装置を放送局から視聴者側に移すことにより，より自由な見方が提供される．こ

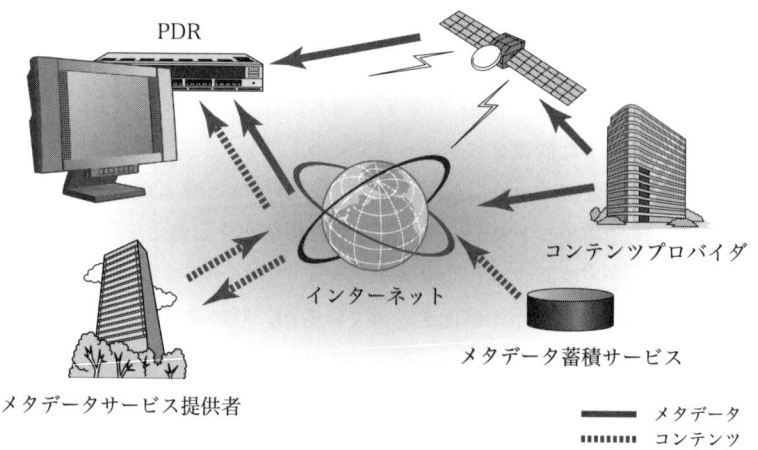

図1-1　メタデータを用いた新しいサービス

のように時空間を自由に行き来する指標となるのがメタデータであると考えるとわかりやすいだろう．

1.1.3　著作権とメタデータ

　メタデータを用いてコンテンツを検索し，加工し，さらに二次利用して再発信までできると，新しい世界が到来するであろう．ここで大きな問題が著作権処理である．多くの人が関わって作られるコンテンツには多くの著作権が関わっている．そこには人格権もあれば財産権もあり，さらに肖像権，隣接権など多くの権利が複雑に絡み合い，権利を有する人あるいは組織に適切なロイヤリティが払われなければならない．今までは集中管理組織，あるいは放送局などの事業者が行っていた．しかし，視聴者までがかなりの自由度でコンテンツを編集あるいは再発信できるようになると，それに応じた管理が必要になる．ここでメタデータの活躍が期待される．このような種類のメタデータには，検索とは違ったRMP（Rights Management and Protection）によるセキュリティの高い方式が要求される．

　また，流通においては，さまざまな課金，許諾などの属性をコンテンツとバンドルして伝えることが重要である．さらに，家庭内に張りめぐらせたホームネットワークの中でのデータのやりとりや，記憶させたコンテンツを他の装置で見るなど，さまざまな視聴形態が考えられる．それには「放送」というだけではなく，インターネットの中でのやりとりも当然含まれる．最近はPeer-to-Peerの方式が急速に広まっている．1年前までは影も形もなかった方式が，あっという間に世界中に広まる．TVAFが考えているサービスにも，そのような当初から予定していない方式が出てくる可能性がある．メタデータにはこのような将来への拡張も含めた柔軟性も求められるのである．

1.2　IDの種類と原情報へのリンク

　世の中にはすでに多くのIDが存在している．電話番号，郵便番号，バーコード，シリアル番号，品番，CDの番号，従業員コードや組織のコード，あるいは顧客管理番号など，IDなしには生活やビジネスは考えられない．これは大量に同じ品物を生産することから来る管理と効率化のためである．このIDもメタデータ

の特殊なものと考えられる．

　いくつか代表的なIDを分析してみよう．まず電話番号が最も一般的であろう．これはIDとして二つの役割をもつ．少し前であれば，家庭に一つの番号がふられ，市外番号－市内番号－4桁の番号となり10桁で一意に決まる．さらに，国際的にも国番号が決められており，それを付けて，国際電話を取り次ぐ電話会社番号を付ければ世界中に散らばっている電話の中の1台が決まる．この一意性（ユニーク性）が重要である．IDという観点から分析すれば，最後の4桁を除けば，意味のあるコードとなっている．すなわち，"81"とくれば日本を表し，その後に"3"とくればそれは東京にある電話を意味する．また少し前までは，ほぼ全家庭に1台の固定電話があったため，そのユニーク性を使って家族あるいは家を特定するための番号としても使われてきた．最近は携帯電話が8000万台と，16歳から60歳までの人口とほぼ同じくらいまで増えたため，これが個人を特定するIDになりつつある．電話帳を繰れば，登録されている名前や会社名から電話番号を引くことができ，最近はその逆もウェブなどで調べることができる．各番号はサービス提供業者である各電話会社が管理している．

　同じような意味合いで郵便番号がある．これは電話の付け方とは違い，もちろんユニーク性は保証されているが，電話番号の最後の4桁に対応するコードはない．3桁の地域を示すコードと4桁のサブアドレスで構成される．これは住所のある粒度（町域あるいは会社などの施設）にまで対応できる．現在は日本郵政公社が管理している．

　20年ほどの歴史をもつバーコードに使われているJANコードもIDの代表選手であろう．現在は，国番号の後に会社名と品物を表すコードが続いている．スーパーマーケットなどでは，このJANコードにより品物を特定できることから，店にあるコンピュータに蓄えられたテーブルデータを参照することで，価格を自動的に割り振ることができる．各国の体系は世界140か国でEAN/UCCという国際的な団体と契約した団体が管理しており，日本では流通開発センタがその任にあたっている．

　次に製品番号とシリアル番号がある．品物にはその品物を表す製品番号があり，これももちろんIDである．各社まちまちの付け方をしており，統一的な付け方はない．例えばCDプレーヤであれば"CDP-123"，PCであれば"J1234-567A"という具合である．さらにシリアル番号も製品番号とは別に付いている．これも各社

ばらばらであり，桁数も決まりはない．しかし，製品が決まればそれを製作した会社が特定されるため，通常はその会社の内部で利用できればよい．

1.3 リゾルブの意味

1.3.1 メタデータシステムの構築と運用

ID，メタデータ，そしてコンテンツ，これらの三つのオブジェクトはそれぞれがいろいろな関係で結び付けられる．以下にいくつかのパターンを示す（図 1-2 を参照）．

(1) コンテンツ → ID → メタデータ

あるコンテンツを何らかの形で手に入れた際，その権利などのメタデータ情報を知りたいという場合がこれにあたる．例えばコンテンツに電子透かし[1]やヘッダ情報として埋め込まれている ID を取り出し，その ID から必要なメタデータ情報をどこかのデータベースに問い合わせるという場合である．cIDf の目指しているモデルがこれにあたり，コンテンツにバインドされた cid（content ID）をイン

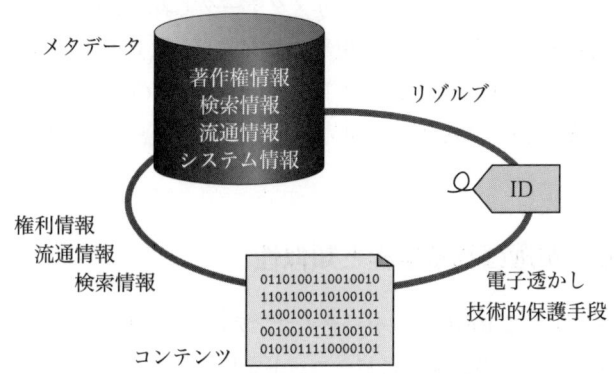

図 1-2 コンテンツ，ID，メタデータの関係

---

[1] 判読できない形式で電子的に何らかのデータを元のデータに埋め込んだ方式．

デックスとして IPR-DB（Intellectual Property Rights - DataBase）に格納されているメタデータをリゾルブする（呼び出す）ことができる．

(2) ID → メタデータ → コンテンツ

ID がコンテンツへのポインタである場合がこれにあたる．すなわち何らかの形で ID を知り，そのコンテンツを獲得したいという場合に使われる．例えば，あるコンテンツを視聴していたときに，他のコンテンツへのリンクが ID で表現されていた場合に使う．このとき ID は URN などの簡単な番号記号になっているのが普通である．この ID をリゾルブ機構を用いて解釈すると，必要なコンテンツのある場所に関するメタデータを獲得することができる．例えば URL である．この URL をたどると所望のコンテンツに紐付けられているという仕組みである．

(3) メタデータ → ID → コンテンツ

これは例えばブロードバンドサービスにおいて所望の番組（コンテンツ）を獲得する過程で使われる．ブロードバンドサービスにおいては，通常のテレビとは異なり膨大なコンテンツの選択が可能となる．そのため，必要なコンテンツ情報のテーブルが今までの新聞などのテレビ欄とは違った形で配送される．例えば，メタデータを用いて，監督が A で，B という種類のコンテンツを見たいという要求が出たとする．ここで，A と B というメタデータで表現されるコンテンツは複数の候補が出るのが普通だ．これら複数のコンテンツに対応する ID の中から必要なコンテンツを，時間情報，アブストラクト情報などのメタデータを参考にしながら一つに絞り込んで最終的に必要なコンテンツにたどり着くというパターンである．

1.3.2　モノが選ばれる過程と類似性

最近注目されている RFID は，デジタルコンテンツの代わりに，モノに ID を付けるという考え方である．すでにバーコードを用いてモノには ID が付いているが，次の 2 点において RFID は違う．一つは，無線を使うため，見えないところに置いておかれても，近くにあれば ID が読めることである．もう一つ，もっと重要なのは個々のモノが区別できることである．RFID にはアクティブ型，パッシブ型などの区別やさまざまな種類があるが，共通することは，ID のみがモノに

付いており、ネットワークを介してそのメタデータのありかをリゾルブし、必要な情報を得るというところである．もう一つ類似のものをあげるとICカードがある．RFIDはちょうどこのバーコードとICカードの中間に置かれるものであろう．ICカードは小さなコンピュータをかかえており、ローカルにデータ処理ができるのである．社会的にはRFIDが出現することにより、これまで匿名性のあったモノに「顔」が付くことが一番インパクトが大きい．これが誇張されると、プライバシーの問題やセキュリティの問題になる．誰がいつ何を購入したかなどの情報を取ることが技術的には可能になるからだ．その反面、どのようなルートでそういった処理をされたものであるかというような情報がユーザにもわかるという利点もある．高いワインがあっても、それが丁寧に扱われたものか、振動や熱に対して無頓着に運ばれてきたものかという情報はわからない．コルクを抜いて飲んでみるまでわからないのである．もしこれにセンサ付きのRFIDが付いていれば、このような情報が一本一本わかるのである．この情報がメタデータである．当然タグの名前の値はそれぞれのビジネスモデルごとに変わるのであるが、モノの流れの中で共通的に移動する、モノの属性あるいは条件などを表現するものである．

今後、モノあるいはデジタルコンテンツという、これまではモノの世界とデジタルあるいはビットの世界として別のものだと思われていた両世界が繋がるのである．このインパクトは想像以上に大きい．

1.4　標準化の必要性

1.4.1　ID

代表的なIDの表現法を表1-1に示す．現在使われているこれらのIDを見ると、そこにはいくつかの種類があることがわかる．単なるダムデータ、すなわちコードそのものには意味をもたないものから、ヘッダなどの一部に意味のある文字などを含むがそれ以外はダムデータになっているもの、さらにコードのほとんどが国コードや年を表すコードになっており、その最後にダムデータが含まれるものと分けられよう．昔は印刷されて後は人が読んでいたが、今はその多くが機械的

表1-1 IDの各種表現

コード	ID表現	コードの記述法
cid	1735.120A/0102	バイナリ形式でハンドルを用いてリゾルブ
CRID	CRID://company.com/foobar	固有のオーソリティをもたずURLでDNSを用いる
DOI	10.1000/182	URNを用いたASCII形式のIDでハンドルを用いてリゾルブ
UPC	6-39382-00039-3	ヘッダ，生産者，製品，チェックデジット
Grid	A1-2425G-ABC1234002-M	UPCコード空間を大幅に拡張
ISAN	FA10-897B-CC00-0100-3	16ビットの16進とチェックデジット
ISBN	ISBN4-7571-0103-1	"ISBN"に続いて10桁
ISRC	ISRC FR-Z03-98-00212	"ISRC"に続いて国番号，登録者，年号とシリアル
ISSN	ISSN 0123-4560	"ISSN"に続いて4桁－4桁

に読まれることを仮定している．そのため通常のコードの後にチェックデジットという，コードが正しいものかどうかを簡単に判断する数字を付けたものもある．

IDからメタデータを呼び出す（リゾルブ）方式も重要である．その多くがRA（Registration Authority）と呼ばれる親組織をもっており，そこから割り当てられたコードを使うことにより，IDのもっている重要な機能であるユニーク性を保証している．TVAFが決めたコードCRID（Content Reference ID，コンテンツ参照識別子）は一意性を担保できる存在である．最初のオーソリティの部分にそのIDを発行した機関などをURLで記述し，その後のデータとして，その機関の割り当てるコードを記述することになっている．すなわち最初のオーソリティのユニーク性はインターネットのDNSで解決し，データのユニーク性はそのデータを割り振った機関の責任になるのである．これは，TVAFが放送事業者を主に考えて始まったものであるので，できるだけコンテンツの権利をもってIDを割り当てる機関の自主性を重んじるとともに，RAを維持するための永続的な機関の存在が不必要という特徴が必要だったためである．

コンテンツに ID を付与する体系は，ISO をはじめとした多くの機関で構築されている．その一部を表 1-2 に示す．

一概に ID と呼んでもその対象に気を付ける必要がある．図 1-3 に示すように，大きく分けると素材，作品，流通単位となる．素材とは，まさに編集する前のベースとなるものであり，映画においてはロケで撮られる映像そのものである．実際にはほとんどが編集の段階で使われなくなるのであろうが，別の機会に使われる可能性もある．そのため，映像を記述するメタデータとともに ID を付けて管理することが時には重要になる．このような ID としては，放送の現場で使われるために SMPTE で定義された UMID（Universal Material ID）と呼ばれるものが有名である．作品に付与される ID は最も一般的なものである．身近な例では本や雑誌に付与されている ISBN（International Standard Book Number）という ID である．作品が違えば別の ID になっているが，本屋に山積みされている同じ作品であればすべて同じ ID が付与されている．つまり，これは本というモノに ID が付いているわけではなく，抽象化された作品ごとに ID が付与されているのである．作品が本という固定的なメディアでのみ配布される場合は，ここまでの ID でよかった．しかし，ネットワークが発達し，コンテンツがデジタル化され，さまざまなメディアを用いて，同じ作品が流通することが多くなってきた．このような場合は，同じコンテンツであっても，その流通経路別あるいは契約別に ID が必要になる．これが最も具体的な ID となる．

素材の編集段階で
モジュールに付与

作品に付与

流通経路などを含んで
作品に付与

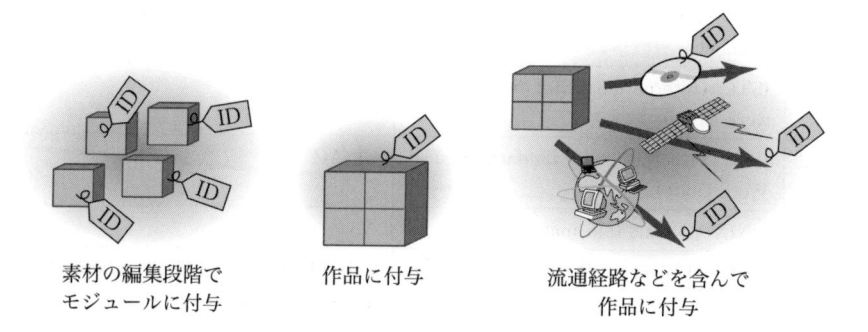

図 1-3　ID の付与単位

表 1-2　コンテンツに ID を付与する体系

	システム名	管理団体
1	Content ID	cIDf (content ID forum)
2	CRID (Content Referencing ID)	TVAF (TV Anytime Forum)
3	DOI (Digital Object Identifier)	IDF (International DOI Foundation)
4	DCMI (Dublin Core Metadata Initiative)	Dublin Core Metadata Initiative
5	UPC (Universal Product Code)	UCC (Uniform Code Council, Inc.)
6	Integrated Identifier Project for the Music Industr	RIAA, IFPI, CISAC and BIEM
7	ISAN (International Standard Audiovisual Number)	ISO TC46
8	ISBN (International Standard Book Number)	ISO TC46
9	ISRC (International Standard Recording Code)	IFPI
10	ISSN (International Standard Serial Number)	ISSN International Centre
11	ISTC (International Standard Textual work Code)	ISO TC46 SC9
12	ISWC (International Standard Musical Work Code)	CISAC
13	ONIX (ONline Information eXchange)	AAP
14	UPID (Universal Programme IDentifier)	SMPTE (Society of Motion Picture and Television Engineers)

表1-2 コンテンツにIDを付与する体系（つづき）

解　説	関連ウェブページ
コンテンツへのID埋め込みを意識したコンテンツへの番号付けとメタデータ管理	http://www.cidf.org/
コンテンツ検索の過程で出てくるコンテンツ参照のための識別子	http://www.tvaf.org/
デジタルオブジェクトに対するID	http://www.doi.org/
DLO（Document Like Object）用にデザインされたメタデータ	http://purl.oclc.org/dc/
製品に対するID．UPCは米国とカナダで，その他の国ではEANが用いられる	http://www.ean-int.org/ http://www.uc-council.org/
世界の音楽業界で新しく検討している音楽を中心としたマルチメディアに対するIDとメタデータ	http://www.riaa.org/
AV作品に対するID	
書籍に対するID	http://www.isbn.org/
音楽の録音原版に対するID	http://www.ifpi.org/
雑誌，新聞，報告書，年鑑のような定期刊行物に対するID	http://www.issn.org/
小説などの抽象的な作品（シナリオ）に対するID	http://www.collectionscanada.ca/iso/tc46sc9/wg3.htm
楽曲などの音楽作品に対するID	http://www.collectionscanada.ca/iso/tc46sc9/15707.htm
電子出版用のIDおよびメタデータ	
テレビ番組へのID．ISANと連動した仕様となっており，最近はVISANと呼ばれる（バージョン付きISAN）	http://www.smpte.org/

このようにIDはさまざまな対象に対して付与されることに注意されたい．図1-4〜1-6に，放送，音楽，出版のメディアに対してこのIDの階層を表現してみた．左から素材，作品そして具体的な形をもったコンテンツとなっている．

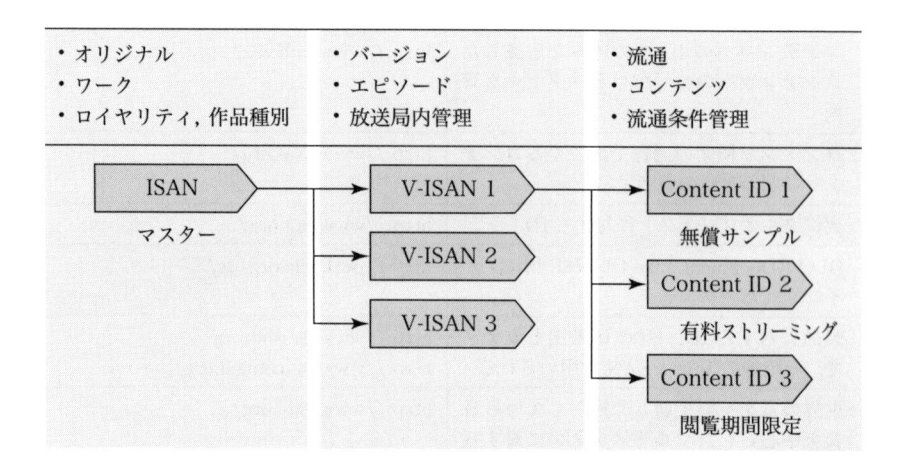

・オリジナル ・ワーク ・ロイヤリティ，作品種別	・バージョン ・エピソード ・放送局内管理	・流通 ・コンテンツ ・流通条件管理
ISAN マスター	V-ISAN 1 V-ISAN 2 V-ISAN 3	Content ID 1　無償サンプル Content ID 2　有料ストリーミング Content ID 3　閲覧期間限定

図1-4　放送事業におけるコンテンツの具象化過程

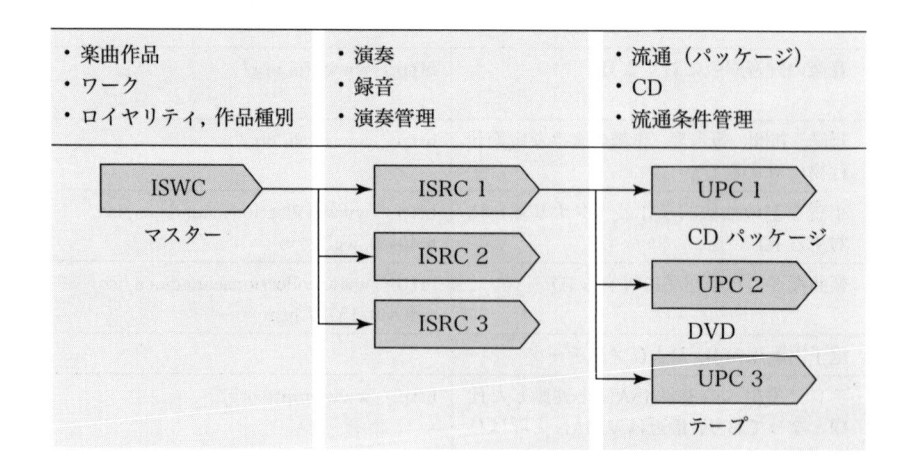

・楽曲作品 ・ワーク ・ロイヤリティ，作品種別	・演奏 ・録音 ・演奏管理	・流通（パッケージ） ・CD ・流通条件管理
ISWC マスター	ISRC 1 ISRC 2 ISRC 3	UPC 1　CDパッケージ UPC 2　DVD UPC 3　テープ

図1-5　音楽事業におけるコンテンツの具象化過程

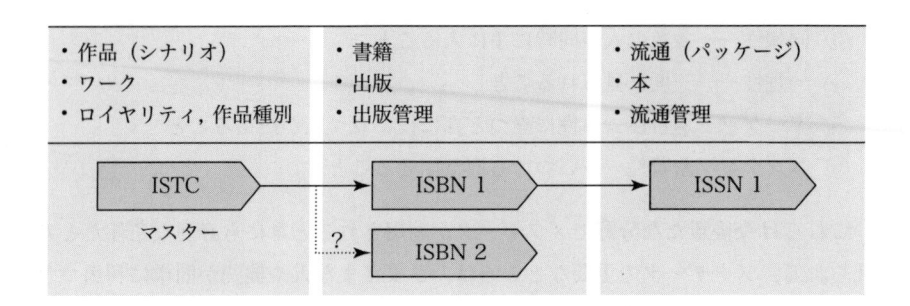

図 1-6　出版事業におけるコンテンツの具象化過程

1.4.2　インターオペラビリティの確保

　メタデータの使用に関してはさまざまな分野で検討が進んでおり，XML という強力なツールの発達ともあいまって，今後さらに広まることが予想される．その一例を以下に示す．

放送通信連携	TVAF，SMPTE，P/META，Jmeta
図書情報	ダブリンコア，MARC（MAchine Readable Cataloguing）
博物館	CIDOC CRM
地理情報	FGDC（The Federal Geographic Data Committee）
教育	IEEE LOM（Learning Object Metadata）
権利管理	indecs，XrML（eXtensitble rights Markup Language）
マルチメディア	MPEG-7，21
ニュース報道	NewsML
政府	e-GMF（e-Government Metadata Framework，電子政府メタデータフレームワーク）

　それぞれの分野でのメタデータは，適用分野や使いやすさなどを考慮していくつかのパターンに分けることができる．しかし，これらのメタデータ全体に共通の要求条件をまとめると以下のようになる．

① 更新性——常に最新の状態を示すこと
② 常時性——いつでも即手に入ること

③ 同報性——多数の人が同時に手に入ること
④ 一覧性——一度に見られること
⑤ ターゲット適合性——役に立つときに役に立つ人が使えること
⑥ コンテンツ密着性——いつでも取り出せること

これらは今後新たな分野でメタデータが適用されるときにも必要な条件だと考えられる．メタデータの重要なところは，さまざまな人や機関が簡単に利用できることである．そのため，エレメント名の決め方やスキーマに関し規格化が行われている．これまでは各分野ごとに進められてきたメタデータも，デジタルコンテンツのネットワーク上での爆発的な流通が予想される中で，それぞれの分野を越えて流通することが予想される．例えば，本のメタデータと音楽あるいは映画のメタデータをリンクして使うということなどは，ブロードバンドサービスなどのコンバージェンスの中で容易に想像される．そのときに重要なのはインターオペラビリティの確保であろう．ここで，インターオペラビリティには何段階かが考えられる．単なる意味レベルのものであれば，何らかのテーブルを参照することでかなり運用できるかもしれない．しかし，もっとタイトなリンクを考えると，XML 記述の方法からスキームや名前の決め方，あるいはサービスシーンにおける運用の仕方，メタデータ自身の鮮度の確保などが含まれる．幸い XML は，異なる定義がされていても例えば名前空間の定義を行うことにより，広範囲な適用領域を確保できる性質をもっている．

1.4.3 ビジネスへの応用

メタデータを用いることは，ビジネスにおいては必ずしも新しい面ばかりではない．インデックスや説明記述など，言葉は違っても同じような概念をすでに用いているからである．では，メタデータという規格化された機能を用いるメリットは何であろうか？ それはデータベースそのものだと言えよう．例えば，飛行機の予約におけるデータベースの価値を想像してみるとよい．確かにデータベースがなくてもチケットの発行や空席照会は紙と電話があればできる．しかし，それには多くの人と場所が一箇所に集中しなければならないという制約や，スピードや費用の問題などがあり，とても経済的に成り立つものではない．最近はこのデータベースをウェブと接続することで，より快適で安いサービスを提供する

ことが可能となっている．そのため，今までの発券サービスとはまったく異なるサービスが実現した．

　これの延長でメタデータを考えてみると想像しやすい．個人の好みを記述したメタデータと飛行機運行などに関するメタデータ，さらにホテル，レンタカー予約などのメタデータがあると，それは各データベースが接続されたイメージになるであろう．メタデータが従来のデータベースと異なるのは，それぞれの情報が自律的に存在しており，データベースシステムの上で動くのではなく，メタデータ自らが他のシステムのメタデータに働きかけるというところにある．そこにはデータベースで必要とされる複雑な DBMS（Data Base Management System）はなく，互いの約束事だけがある．ある情報を表すメタデータが，それを利用できる他のシステムに働きかけ，その結果として何らかの動きが出るというイメージである．最も多く使われるシーンは，検索，選択であろう．個人のメタデータでフィルタすることにより膨大なメタデータ群の中から必要なデータだけを選択するという場面は，ビジネスシーンにおいて多くある．将来は，現在それぞれのシステム単位で動いているメタデータをより深くリンクさせ新たなサービスが期待される．

　第2章で述べられているセマンティックウェブは，メタデータのもつ新たな可能性を示している．つまり，オントロジの世界においてメタデータの使い方を規定し，さまざまなメタデータが直接機能し合うことを仮定している．ここからは将来 eMarketplace における新しい仕組みが誕生するかもしれない．さらに，ネットワークへの直接的な機能をもつかもしれない．図 1-7 に OSI（Open Systems Interconnection）7層モデルと現在のインターネット4層モデル，さらに新コンテンツ流通4層モデルを示す．従来は層を多く定義して，その間の API（Application Program Interface）をしっかり決めることにより，各機能を充実させ汎用性を確保することができた．しかし，インターネットではあらゆる機能が TCP/IP の上に構築され，従来の7層から4層へ変更された．これをコンテンツ流通に適用したのがコンテンツ流通新4層モデルである．すなわち，コンテンツの流通は必ずメタデータを通して行われ，直接コンテンツが流通するのではなく，メタデータの流通が優先し，さらにメタデータがネットワーク層に直接働きかけるという仮定である．今後このような方向に行くのではないかと想像している．

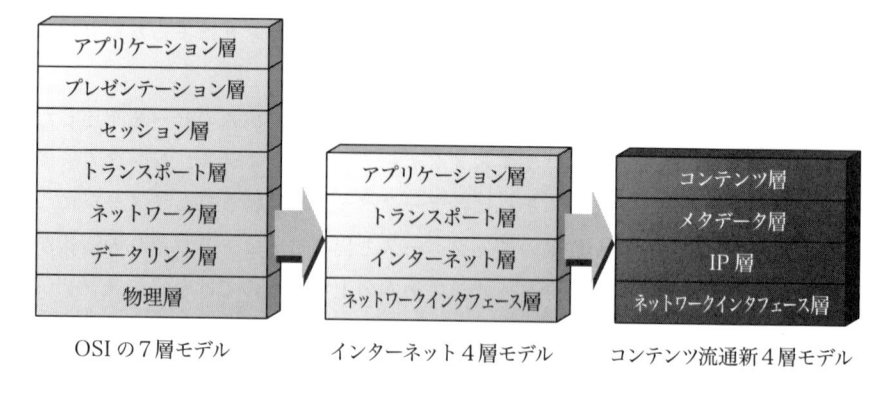

```
┌──────────────────┐
│  アプリケーション層  │
├──────────────────┤
│  プレゼンテーション層 │
├──────────────────┤
│    セッション層    │
├──────────────────┤
│   トランスポート層   │     ┌──────────────────┐      ┌──────────────────┐
├──────────────────┤     │  アプリケーション層  │      │    コンテンツ層    │
│    ネットワーク層    │  →  ├──────────────────┤  →   ├──────────────────┤
├──────────────────┤     │   トランスポート層   │      │    メタデータ層    │
│   データリンク層    │     ├──────────────────┤      ├──────────────────┤
├──────────────────┤     │   インターネット層   │      │       IP層       │
│      物理層       │     ├──────────────────┤      ├──────────────────┤
└──────────────────┘     │ネットワークインタフェース層│      │ネットワークインタフェース層│
                         └──────────────────┘      └──────────────────┘
   OSIの7層モデル           インターネット4層モデル      コンテンツ流通新4層モデル
```

図 1-7　コンテンツ流通新 4 層モデル

1.5　RFID との類似性

　これまでに述べた ID からメタデータをリゾルブする過程を見ると，図 1-8 に示すように，非常に類似点が大きいことがわかる．この機構は ID の役割を理解する上で非常に重要である．RFID の場合は ID をリーダで読んだ後，その ID はインターネットの DNS に似た機構を用いて，ID によって表されるモノの情報が格納されているデータベースのありかにたどり着く．同じくデジタルコンテンツにおいても，通常電子透かしと呼ばれる方法で，人間の目にはわからない状態でコンテンツに組み込まれた ID を機械的に読み出し，その ID からハンドラあるいは DNS の機構を用いてメタデータにたどり着く．この類似点は偶然ではなく，ID のもっている本質を表している．最近になってこれらの機構が注目されてきたのは，インターネットのためと言ってよいであろう．ID からメタデータに至るまでをインターネットで結ぶのである．昔は専用線など高価で遅いネットワークしかなかったが，現在は誰もが簡単にネットワークに接続できる状況になった．

　ID が付いているコンテンツやモノはそれ自身リアルな世界に存在しているものであるが，その価格や権利情報，あるいは流通情報などは後ろに隠れているものである．しかし，リアルな存在に価値を与えるのは，これらの情報（メタデータ）である．昔は手作業で両方を繋いでいた状態から，バーコードで自動化が図られ，RFID の存在や電子透かしの技術がリアルとバーチャルの空間の距離を縮めたと

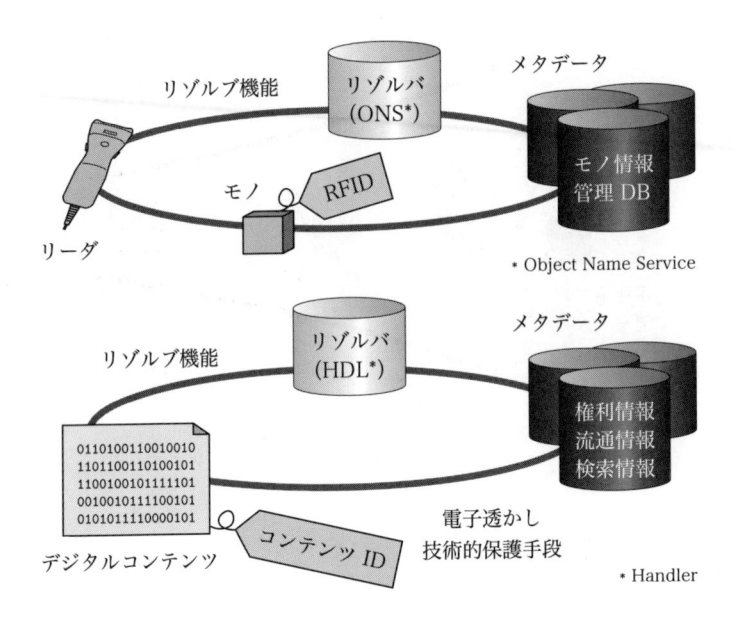

図 1-8 RFID とコンテンツ流通の類似点

言えよう．ID の最も重要な点は，このように ID からリゾルブを行って，ID に対応したメタデータを引き出すところにあると言えよう．

メタデータはインスタンス（リアルな世界）の属性などを表すあくまでバーチャルな世界のものと考えられる．図 1-9 にはこの二つの世界の距離を示した．例えばスーパーマーケットでの商品価格を示すタグを想像してみよう．従来は店員が価格の付いたタグやシールを商品に手作業で貼っていた．チェックアウトの際は店員がいちいち価格を読み取ってレジで打ち込んでいた．それが 10 年位前からバーコードを使うようになってきた．レジではリーダで光を当てて商品に付いたバーコードを読むことにより，素早く価格と同時に商品の種類を読み込んでいる．バーコードは商品に最初から印刷されているので，新たに貼るという作業がなく，しかも店ごとに価格を変えるということにも対応できる．RFID はさらに自動化を図ったもので，レジでいちいち光を当てなくても自動的にチェックアウトできる可能性を秘めている．これは単なる省力化だけではなく，ID をリアルタイムに集めて，POS（Point of Sales）をさらに発展させたリアルタイムマーケティングの実現に寄与するのである．

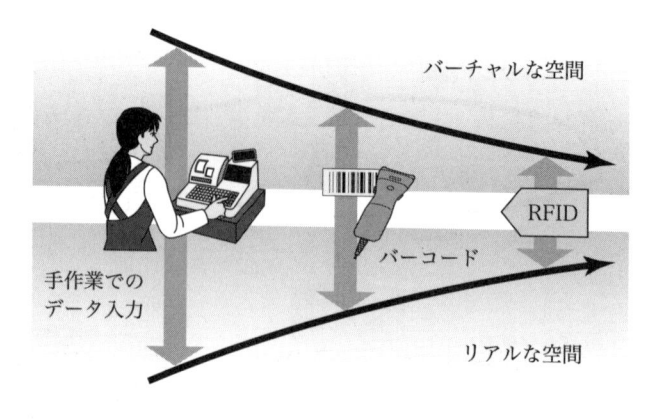

図 1-9　バーチャル空間とリアル空間を繋ぐシステム

1.6　アーキテクチャ

1.6.1　コンテンツ配信

　われわれの生活を分析してみると，いくつかの要素が浮かび上がってくる．知的生活においては，何らかのコンテンツを操作するという作業をしている．脳を楽しませてやるためには，何らかのインプットとアウトプットが必要だ．人間が情報的にどのような営みをしているかという研究は案外少ない．1963 年にアメリカのカイデルが調べたものが有名である．図 1-10 に示した．毎秒 1 Gbits もの情報を五感を通じて，しかもそのほとんどは目から得ている．何らかの形で機械的にシミュレーションしようとすると，すべての人にファイバーを接続しなければならないほどである．毎秒 1 Gbits の情報を頭の中で何らかの処理をするのであるが，それが表現すると毎秒 100 bits だと彼は言っている．これには異論があると思うが，ただ意識上の情報を思い浮かべる，つまり「私は今 20 度くらいに調整された部屋の中で，ノートブックに向かってこのような文章を打っています．バックでは FM がジャズを流しているところで…」と文章に表現するという意味においては，せいぜい 10 Byte/s 位というのも一つの考え方かもしれない．さらにそれを人に表現するということを考えると，声に出して，表情で，あるいはこのように文章にしてと，さまざまな表現をする，それは情報量に直せば毎秒 100 Mbits

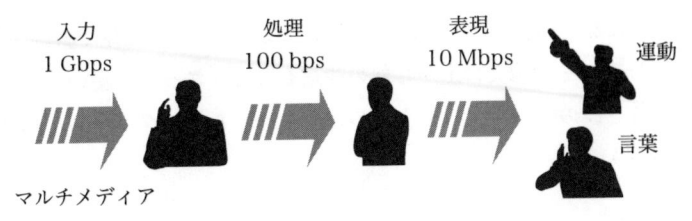

入力　　　　処理　　　　表現
1 Gbps　　　100 bps　　　10 Mbps　　運動
　　　　　　　　　　　　　　　　　　言葉

マルチメディア

After W.D.Keidel p.131 IEEE Trans. Military Elec. 1963

図 1-10　人間の処理する情報量

程度だというのである．値自体には異論があるかもしれないが，とにかく人間は起きている限り，秒単位でこのように膨大な情報を処理しているのである．この中で人間が意識的に言葉に表すことのできる部分を共通化したのがメタデータと呼べるかもしれない．

1.6.2　検索

　さて，日々の生活において欲しいものを探す行為は頻繁に行われる．例えば自分の録画したビデオを棚の中から探すという例を考えよう．几帳面な人であれば，あるいはデータベースを作って中身を逐一管理しているかもしれないが，そのような人はほんの一握りであろう．せいぜいテープの背にタイトルを記入する程度という人が多いのではないだろうか．それも何回も録画を重ねているうちにコンテンツとタイトルが合わなくなってくる．このような環境の中で，頭の中ではさまざまな情報を用いてコンテンツの中身を別空間に投影するのである．すなわち，A というタイトルのテープの中には，実は最初の 1 時間に B という番組が録画されており，その後には別の番組が入っているはずだという記憶が補っている．

　これをサーチの時間で考えると平均 5 分くらいであろうか．ただ，見つからないときは家族総動員でいろいろな情報をぶつけ合いながら探すのである．時には欲しい物が見つかるまで数日かかることもある．個人の管理する情報は，このように単なるコンテンツのメタデータだけではなく，その物理的な位置やさまざまな関係において管理されているのである．昔，ノーベル賞をとれるかもしれないと言われていた世界的に有名な物理の教授の部屋には大きな古い机があった．そこに整然と膨大な論文などが積まれ，その高さは実に 40 cm，直径は 1.5 m 位は

あった．そこに数百の論文がうずたかく積まれていた．その部屋で議論が進むと，教授はおもむろにその論文の山から何の躊躇もなく，さっと一編の論文を出してくるのである．彼の頭の中では三次元のきっちりしたデータベースが構築されていたのであろう．

1.6.3 ファイリング

さて，生活から仕事へ眼を移してみよう．毎日の仕事のうちかなりの部分が何らかの意味での整理に追われていることがわかるであろう．そのため，ファイリングだけを秘書などに依頼する例は多い．これは，日々生み出される何らかのコンテンツを再利用あるいはアーカイブのためにきちんと管理し，保管する必要があるからである．さまざまなファイリングシステムが提案されている．また，インデックスを付けてわかりやすくしたり，タイトルの書き方を工夫するなどのアプローチが一般的であった．しかし，しだいに資料そのものはワープロ専用機からPCでの作成に移り，何も紙に印刷されたものを保管しなくても，元のファイルを保管すればよいことに気付き，徐々にそちらの方向に進んでいる．黙って再利用されるのを防ぐため，PDF（Portable Document Format）ファイルなどで保管する例が多い．現在のマイクロソフト社のOfficeやPDFファイルにはメタデータという概念があり，タイトル，サブタイトル，作成者，分類などの項目が定義されている．仕事におけるコンテンツの場合はその全部を利用することはまずないが，よく整理されたファイルがあると非常に仕事の能率が上がる．

1.6.4 メタデータの活用

われわれの生活範囲は，家庭や会社からインターネットで接続された世界へと拡大している．しかし，自分の会社や部，あるいは家の中だけでも整理できないのに，どうやって必要なコンテンツを手に入れるのだろう．まずは検索エンジンを動かして必要なキーワードを入れ，そこから入手するという人が多いのではないだろうか．当然のことながら世の中の情報は自分用にはできていないのである．そこで注目されているのがメタデータである．コンテンツの属性をさまざまな約束された言葉で表現したものがメタデータである．これを駆使することにより，必要なコンテンツに最小のエネルギーでたどり着き，利用できるのである．

コンテンツを獲得するのは一瞬であるが，そこに達するまでの道のりは長い．いったん欲しかったコンテンツに達してからも，それを鑑賞するうちに次の，あるいは関係のあるコンテンツを見たくなる．それを簡単な形で実現したのがウェブコンテンツである．ここではハイパーリンクが世界中のコンテンツを繋いでくれている．今は直接リンク先を URL で記述している．しかし，リンクされてほしいのはユーザによって違うのが普通であろう．それを実現しようとすると，元のコンテンツと，それがリンクする先の必要な情報とをマッチングさせる必要がある．

メタデータは，あるコンテンツとあるコンテンツあるいは情報との間を繋ぐデータである．これをうまく使うことにより，より便利な世界が開けるはずである．通常は人間が判断してこれらを繋いでいる．これからは，いかにそれを機械に判断させるかということになる．将来は内容が時間的に変化していくような，ダイナミックな本ができるかもしれない．通常，本は作者が膨大な時間と資料を駆使してあるテーマについて分析し，論を進めていくものである．もちろんそれはその作者の一つの見方でしかない．100 人がいれば 100 通りの見方があってしかるべきだろう．これを実現するのが，メタデータである．自分のもっている知識メタデータと世界中のメタデータをぶつけることによって，新たな自分用の知識ができていくという考え方である．

1.6.5　情報へのアクセス法

ID から，そのモノ／コンテンツのもっているさまざまな属性に達するという仕組みは以下のように整理される．

① ID そのものが情報をもっている場合
② ID の一部に情報があり，それ以上の情報は外部のデータベースを参照する場合
③ ID そのものはダムデータである場合
④ ID から情報を知る必要のない場合

ここで，単なる順番を示す番号のような④を除いて，運用費用は①，②，③の順で高くなるが，その分情報量，自由度が増す．また，一般的に情報に達する時

間も長くなる．もちろん①の場合はオフラインで情報が得られるのであるが，情報量は ID の中に埋め込まれるので非常に制約される．そのため時間，場所，あるいはそのコードの名前など最低限の情報にとどめ，あとは ID からオンラインでデータベースに蓄積されている情報を引っ張ってくる方法がとられる．このように一部を意味のあるコードにするのは，データベースが国など空間的に分散していることに対応する場合，オフラインで最低限知りたい項目が存在する場合である．これに対して③の最大の利点は，最低限のコードで最大限の情報が得られ，なおかつ自由度が高いことである．

　次に ID の長さに関して考えてみる．これは人が読む場合と機械が読む場合で大きく異なる．人が見てもわかるようにするには，電話番号のようにせいぜい数字で 10 桁強となる．これに対して機械で読み取る仮定が成り立つと，64 bit, 96 bit 等が用いられる．それは，ユニーク性を保持したままどれくらいの空間があればよいかで決まる．また，構造をもたないダムデータであればフルに効率的にコードが使えるが，複数の情報をコードで表そうとすると，情報ごとに分離する必要がある．これはデータベースで分散処理をすることを考えている．0 から始まる構造をもたないデータであれば，コード自体の効率は最大になる．しかし，そこからメタデータの格納されているデータベースにアクセスに行くことを考えると，データベースは論理的に中央に一つということになる．これはネットワークやデータベースに大きな負担となるため，3, 4 段階の階層構造をとる．インターネットでも現在の IPv4 では，元々はクラス分けがされており，大きな空間を用いる予定のところには A クラスの膨大な ID を与え，小さくてもよい場合は C クラスの小さな ID を与える．

参考文献

[1] TV Anytime (http://www.tv-anytime.org/).
[2] Dublin Core (http://dublincore.org/).
[3] Indecs (http://www.indecs.org/).
[4] EBU (http://www.ebu.ch/).
[5] P/Meta (http://www.ebu.ch/metadata/pmeta/v0100/html/P_META1.0/P_META3.html#anchor6).
[6] MPEG (http://www.mpeg.org/MPEG/index.htm).
[7] MPEG-7 (http://www.itscj.ipsj.or.jp/mpeg7/).
[8] cIDf (http://www.cidf.org/).

(岸上 順一)

第2章

標準化の流れ

2.1 インターネット

　20世紀の10大発明が2001年元旦の新聞に掲載されていた．トランジスタなどの発明と並んでインターネットが入っているのは当然であろう．これほどわれわれの仕事を変え，今後の生活を大きく変える可能性のある技術はほかにないであろう．そのインターネットは，まだ10年ちょっとの歴史しかないのにもかかわらず，すでに社会のインフラと捉えられる．コンドラチェフは経済の一番大きな変化が50年から60年周期で変化することを示し，現在までの変化を図2-1のように示した．図中サインカーブが経済状態であり，S字カーブがそれによって生まれたインフラの成熟度である．20世紀最後のインフラは言うまでもなく道路であった．そして現在急速に伸びているインフラがインターネットである．

　ここではインターネットにおける情報量を考えてみたい．毎日百万ページにも及ぶウェブページができ，その総ページ数は1億以上になろうとしている．現在の総データ量はすでにexaByte（1,018）単位になっているはずである．そしてそ

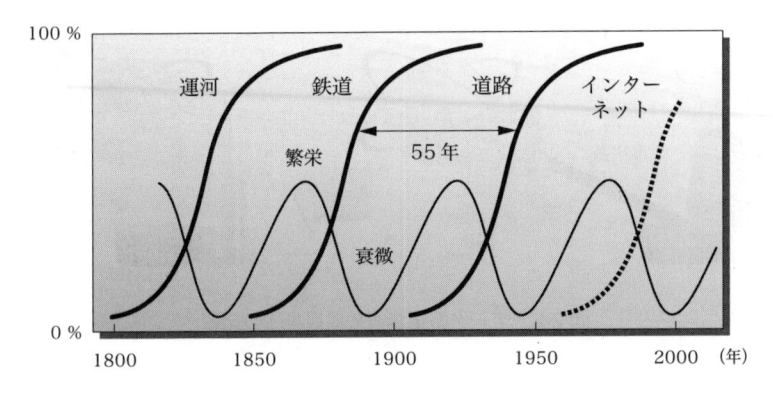

図 2-1 コンドラチェフの長周期論

のほとんどの情報は磁気ディスクに蓄積されている．これほどの情報を誰もが簡単にアクセスできる状況ができたのである．ちょっと前までは百科事典が個人のアクセスできる情報量の象徴であった．せいぜい数 GB のオーダーである．個人がデータベースを意識し始めたのは最近であるが，あっという間に一般の人でも世界最大のデータベースを利用できるようになった．

2.2 情報の流れ

インターネット初期のころ，情報は各ワークステーションの中にあり，互いにバケツリレー式に情報を伝達していた．それがルータと膨大な容量をもつデータセンタとそこにアクセスする全世界 4 億人のユーザという構図に変わってきたが，基本的な仕組みは TCP/IP のプロトコルのもとで変わっていない．送り出し側で見てみると，図 2-2 に示すように，従来は例えばコンテンツプロバイダのオフィスの一角に設けられたサーバ群から太いパイプで ISP（Internet Service Provider）に接続していた．やがて安全性などを考慮し，複数の回線で接続する形態に変わり，さらにそれらを多数集めインターネットに直結されたデータセンタに収容するという形に変わってきている．セキュリティと安定性，さらに経済性から急速にこの方向に進んでいるため，各 ISP はデータセンタを続々とオープンさせているが，その多くが計画段階で sold-out という状況である．まさに

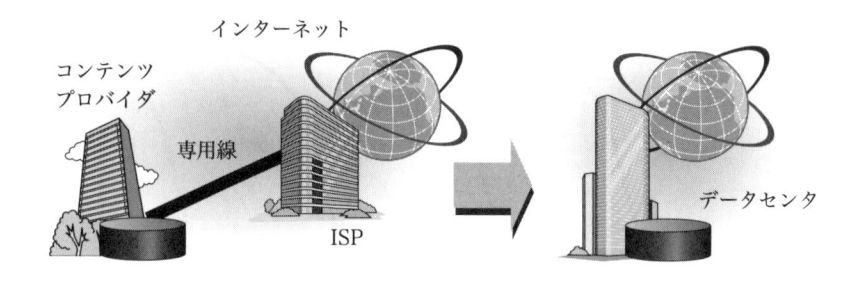

図 2-2 データ蓄積装置の設置場所の比較

Internet-attached-storage である．ちなみにこれら大手の ISP は公に設けられたデータ交換所で互いに接続されていたが，それも限界が見えてきたころからプライベートに接続する形に変わってきている．

　一方，図 2-3 に示すように，データを受け取る側から見ると，従来はセンタ側（送り出し側）から一方的に受け取るだけであったのが，近い将来にユーザ側に膨大な蓄積装置をもって管理する方式になろうとしている．これは取りも直さず蓄積装置の低価格化がもたらそうとしているものである．現在はその過渡期にある．ネットワークを用いて遠隔からデータをユーザ側に伝送するのか，ユーザ側に大きな蓄積装置を置いてプログラムあるいはデータをローカルに保管するのかは，さまざまな要因で変化する．それは価格，転送速度など使い勝手，Java などの技術，そして最終的にはビジネスモデルが左右する．図 2-4 にここ数年のストレー

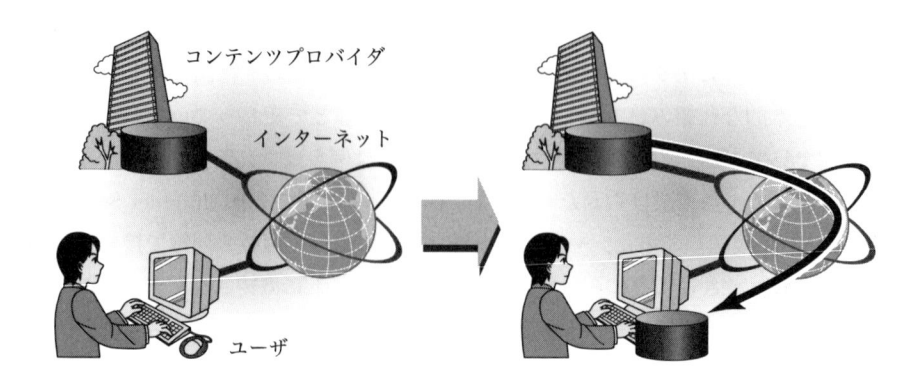

図 2-3 蓄積装置の設置場所の移行

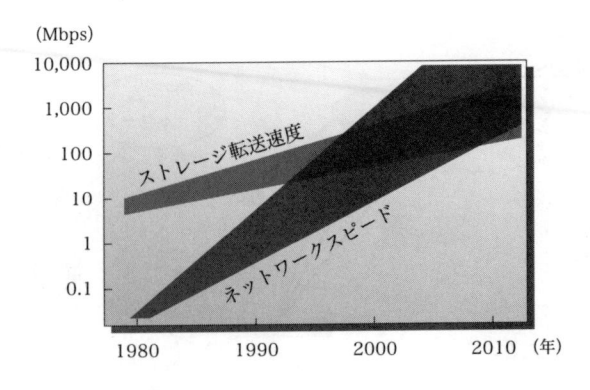

図 2-4　ストレージ転送速度とネットワークスピードの比較

ジとネットワークの転送速度（回線速度）の比較を示す．しばらく前までは圧倒的にネットワークの速度が遅かったために，できるだけローカルにプログラムもユーザのデータも置いておき，必要最小限のデータだけをネットワークで得るというのが一般的であった．現在の PC よりも大きく数十万円もした 300 ボーレートのモデムを使いデータを伝送していたのである．もちろん CPU のクロックも現在とは桁違いに遅かったが，それと比較しても十分ネットワークが遅かったため，ビジネスモデルは単純であった．数学的にはファイルアロケーション問題として考えることはできたのであるが，現実に適用できるものではなかった．

　しかし，ネットワークもバックボーン，アクセス系ともに飛躍的に速くなり，同時に蓄積装置も大容量化と低価格化が実現した今，新たなビジネスモデルが出現しつつある．このようなフロー，ストックを伴う各機能の性能の向上と向上のスピード差が新しいパラダイムシフトを与えるのは，非常に興味深い．

　PC の世界においても数十 GB の磁気ディスクがあたり前になってきた．デジカメの映像や，個人的に録音した音楽を入れている人もいるだろう．ウェブからダウンロードしたファイルも多いだろう．しかし，それは今のところ個人ユースであり，ビジネスモデルに乗る物ではない．しかし，放送のほうから新しい波が来つつある．それが TVAF が推進しようとしている「サーバ型放送」である（図 2-5 を参照）．現在でもすべてのコンテンツの 80% 以上は放送だと言われている．今後インターネットで本格的にコンテンツ流通が起きると言われているが，この「サーバ型放送」がその具体的なものになると期待されている．別の見方をする

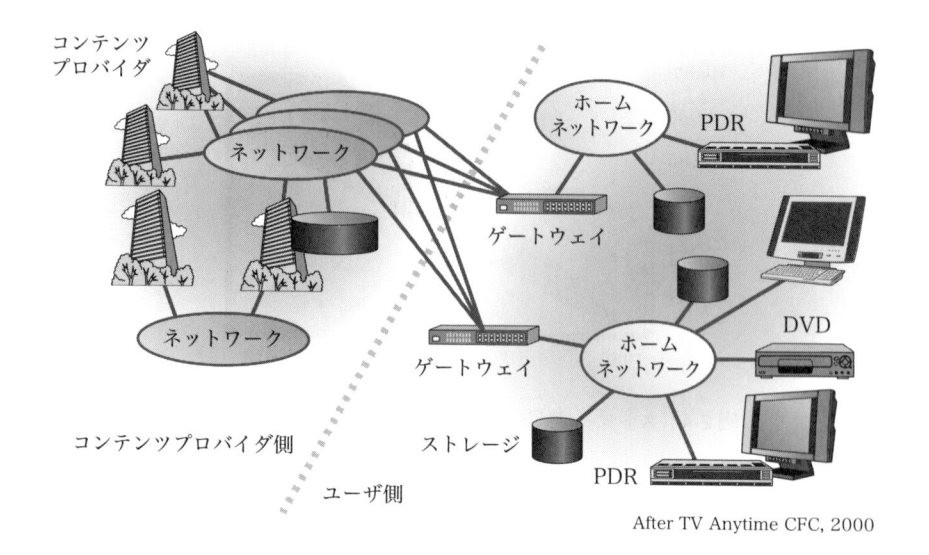

図 2-5　TV Anytime Forum のモデル

と，昔から言われている「放送と通信の融合」が現実になるのである．図 2-6 には，今後起こるであろう IT における主役が示されている．それぞれがコモディティ化するにつれて価格も下がり，限界費用としては無料になる．つまりそれだけで儲けることができない．

　PC も無料のものがネットワークあるいは ISP との抱き合わせ販売で出されており，そのネットワークの料金すら ISP あるいはコンテンツの利用料金と一緒にすると限りなく無料に近くなってくるであろう．さらに，コンテンツ自体も究極的には無料になると考えられる．その代わりにくるものが，メタデータというコンテンツを記述するインデックスである．このメタデータとユーザ側にある数百 GB にものぼるディスクを内蔵するセットトップボックス（PDR：Personal Digital Recorder）を駆使したサービスが，TVAF の実現しようとする世界である．

　現在でも放送の 70% 以上は放送局に設置された蓄積装置から送出されている．しかし，この情報は何も局にある必要はなく，ユーザ側にあってもよい．ただ視聴条件だけがメタデータとしてユーザに伝われば，今と同じような見方も可能であるし，無限の自由度をもった放送が実現する．もちろん蓄積装置は，送り出し側，ユーザ側以外に，その途中のノードにももつことが可能である．インターネット

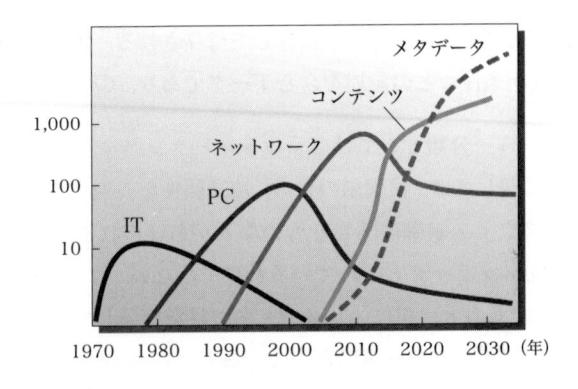

図 2-6　主役のパラダイムシフト

の世界におけるコンテンツ配信は，現在ほとんどそのような特殊なキャッシュを用いて行われている．

このように，従来脚光を浴びてきたダイヤルアップ，CATV (CAble TV)，ISDN (Integrated Services Digital Network)，ADSL (Asymmetric Digital Subscriber Line，非対称デジタル加入者線)，そしてファイバー等のネットワークに対し，ストレージも同じレベルにきたと言える．コンテンツの配信においては，ニュースやライブなどのストリーム系のサービスと，ドラマや映画などのダウンロード系のサービスの2種類があるが，量からは圧倒的に後者が多い．すなわち，情報はネットワークが実現するフローとストレージが実現するストックで実現される．このフローとストックをうまく使ったビジネスモデルが今後注目される．

2.3　メタデータの種類

メタデータという言葉は，ここ1，2年に国内でも市民権を得てきた感があるが，実際には1995年にその起源を遡ることができる．最も大きな役割として，情報資源（コンテンツ）を効率よく探し出すための機能があげられる．硬い言葉で言えば，

> コンテンツ（情報資源）に関して記述されたデータ群であり，ある程度の規格と表現形式が決まっているもの，つまり情報資源を効率よく探し出すた

めに，情報資源（コンテンツ）に対して付与される，情報資源の場所，簡単な内容，権利条件などの記述を含むデータであり，広く整合性のとれたものと表現できるだろう．分類としてはセマンティックレベルとシンタックスレベルとがある．前者に関しては，検索用のもの，流通属性を表現するもの，権利情報を表現するもの，アクセス制御に関するものなどがあげられる．しかし，必ずしも統一的にすべてをメタデータと呼んでいるわけではない．また，後者に関しては，XMLで表現されたものと，単にエレメント名だけを定義しているものがある．

情報流通の歴史はデータベースの歴史でもある．1989年のウェブの発明以来一般化され，さらにITをリードする形になったインターネットも，見方によれば一種のデータベースであろう．それは，完全に分散型で管理されたさまざまなデータに対して，Yahoo!をはじめとするサーチエンジンやポータルを通じて，必要な情報にたどり着くという仕組みで進んできている．最近のP2Pに関しても，そのデータがどこにあるかを知る仕組みには，何らかのデータベースが必要になる．データベースは従来のCODASYL型のものからリレーショナルになり，オブジェクト型と変わってきているが，基本的には集中型をベースにする動きと考えてよいであろう．しかし，SGML（Standard Generalized Markup Language）をベースにして使いやすくしたXMLが提案されて以来，あらゆるトランザクションに適用され，インターネットそのものが巨大なデータベースの様相を呈してきている．

2.3.1 ダブリンコア系

さて，このような状況において，メタデータはさらにデータベースの概念を広げたものと捉えることができる．その良い例がダブリンコアにおけるさまざまな動きに象徴されている[1]．10年以上にわたり元々MARCという形で図書情報を機械にも理解できる形式で表現することが行われてきた．それを1995年3月にダブリンコアというメタデータを用いて表現していくことが合意され，以下のエレメントが決められた．簡易に表現できることを目的とし，15個のエレメントが決められた．その情報は以下の3種類に分けられる．

① 主として情報資源の内容に関係するエレメント
② 情報資源を知的財産として見た場合に，主として情報資源に関係するエレ

メント
③ 主として情報資源の具現化に関係するエレメント

またそれぞれの意味は以下のとおりである．これらは「ディジタル図書館」(1998年) より抜粋したものである [1]．

ダブリンコアの 15 の要素
① Title ── Creator や Publisher によって与えられた情報資源の名前
② Author or Creator ──情報資源の内容に第一の責任をもつ人または組織
③ Subject and Keywords ──情報資源の主題とキーワード
④ Description ──文章による情報資源の内容説明
⑤ Publisher ──情報資源をその現在の形にした組織
⑥ Other Contributor ──情報資源に対して間接的ではあるが重要な貢献をした人や組織
⑦ Date ──情報資源が現在の形で利用できるようになった日付
⑧ Resource Type ──情報資源の内容区分
⑨ Format ──情報資源のデータ形式
⑩ Resource Identifier ──情報資源を一意に識別するための文字や番号
⑪ Source ──情報資源の出典を一意に識別するための文字や番号
⑫ Language ──情報資源を記述した言語
⑬ Relation ──他の情報資源との関係
⑭ Coverage ──情報資源の空間的，時間的特性
⑮ Rights Management ──情報資源のアクセス制限に関する情報へのリンク

最近はさらに何らかの利益を受ける人という意味での Audience を加え，16 になっている．

さて，上記論文 [1] において，15 個のエレメントをもつダブリンコアに対して，27 のデータ項目をもつ WoPEc [1] と，19 のデータ項目をもつ WAGILS [2] の相互関

---

[1]. Working Papers in Economics. 経済学関連の最新の論文を提供している (http://netec.mcc.ac.uk/).
[2]. WAshington state Government Information Locator Service. 政府刊行物に対する公的なアクセスを提供するサービス (http://find-it.wa.gov/gilsabot.htm)．

係を比較している．これはメタデータを理解する上で興味深い論文であろう．結論として，ほとんどが一対多という関係になり，同じ内容を複数の体系で示すことの難しさを浮き彫りにしている．

2.3.2　MPEG系

しかし，その後，MPEG-7あるいはTVAFにおいてXMLを用いたシンタックスが一般化されてくるに及んで，体系の違うメタデータにおいてもそのスキーマが決まっていれば，ネームスペースで区別するなどの工夫で相互乗り入れあるいは参照が簡単にできるようになってきた．

メタデータの使用に関してはさまざまな分野で検討が進んでおり，XMLという強力なツールの発達ともあいまって，今後さらに広まることが予想される（図2-7を参照）．

ここで，図2-8のようにメタデータが適用される分野を大きく二つに分けるこ

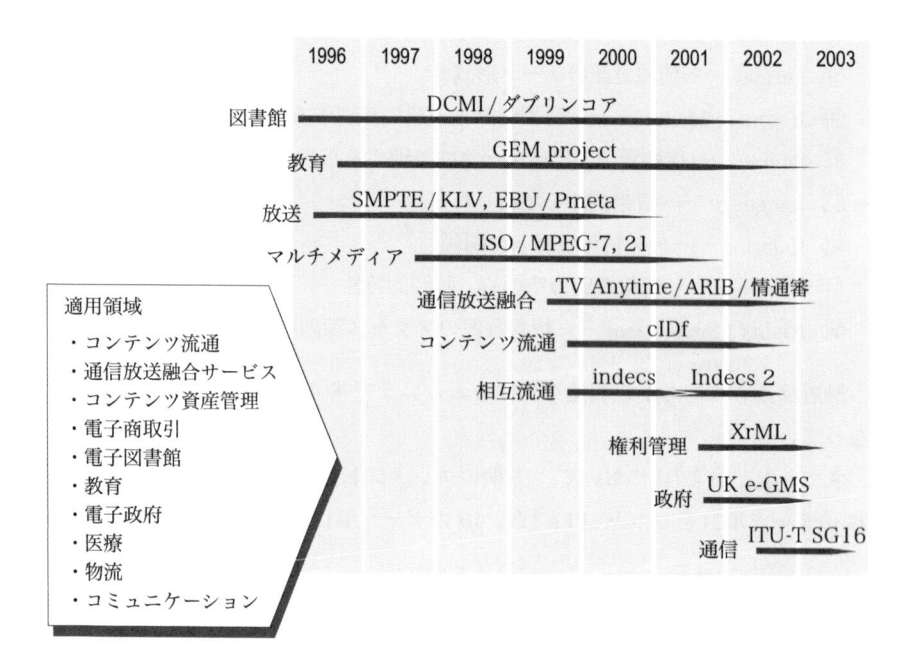

図2-7　メタデータ標準化の歴史

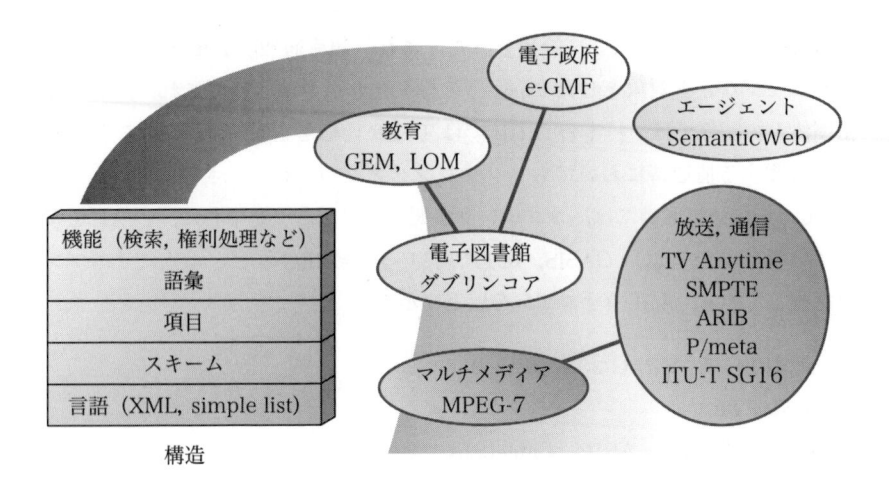

図2-8 ダブリンコアを中心にしたメタデータとMPEG，TVAF系のメタデータ

とができる．一つはダブリンコアを中心とするわかりやすくシンプルな体系，もう一つはMPEG-7，TVAFを中心とした，コンピュータが判断しやすくした体系である．

(1) TV Anytime Forum

これらのメタデータをめぐる標準化の中で，TVAFのメタデータは最も注目されている．1999年9月にDAVIC（Digital Audio-Visual Council）の後継標準化団体として発足し，EBU，BBC，Philips，Microsoft，Disneyなど世界160社以上が中心となって，通信との連携と蓄積型テレビを特徴とした新しいテレビ放送サービスのための標準化を行っている．そこでは，急激に安くなり大容量化されている磁気ディスクの利用を前提にした，蓄積型の放送とインターネット利用をベースに，マルチメディアコンテンツの相互流通システムの構築を目的としている．さらに，単なる蓄積型のシステムだけではなく，コンテンツ制作から伝送・流通ネットワーク，統合型受信端末までを含むトータルなモデルを提案し，「いつでも，どこでも」視聴可能な，放送と通信を連携した総合的なコンテンツ流通標準を目指している．

2003年1月には主に放送モデルを中心としたPhase 1仕様が終了し，それらから生まれた各ドキュメントはETSI（European Telecommunication Standards

Institute）に技術仕様として提出された．また，超流通 [2]，P2P やネットワークストレージなどを対象とした Phase 2 の標準化が引き続き整理された．他の標準化団体との関係では，日本の ARIB では TVAF 仕様を全面的に採用し，サーバ型放送に関する情通審においてもリファレンスとなっている．さらに DVB（EU），ATSC（米国）においては，コンテンツ参照とメタデータを中心に，TVAF を参照している．また W3C，OASIS，IETF，ITU-T，MPEG などと正式にリエゾン関係を有している．現在のリエゾンを以下に示す．

- MPEG-7，MPEG-2，MPEG-21
- SMPTE
- DVB，ATSC，ARIB，CableLabs
- Advanced Television Forum
- Broadband Content Delivery Forum
- content ID forum，EBU P/Meta
- ITU-R 6M，ITU-T SG9，16
- MPA（Motion Picture Association）

TVAF における中心的な仕様は，放送コンテンツとインターネットコンテンツに対する統一的なメタデータ表現（意味，構造）とユーザメタデータ，コンテンツ参照識別子（CRID）と呼ばれる放送コンテンツとインターネットコンテンツに対する統一的な識別子管理・アドレス解決方式，さらに権利管理保護（RMP）と呼ばれるコンテンツの保護機構である．この中で中心となるメタデータは以下の四つに分けることができる．

① Content Description metadata —— コンテンツ表現メタデータ
   コンテンツのタイトル，ジャンル，サマリ，レビューなどコンテンツそのものを説明する種類のメタデータ
② Segmentation metadata —— コンテンツのセグメンテーションメタデータ
   コンテンツのさらに細かい単位を表すメタデータ（ダイジェスト再生やハイライトなどに使われる）
③ Instance Description metadata —— インスタンス表現メタデータ
   放送時間やチャネル，使い方の規約，配送のための条件など

④ Consumer metadata ——ユーザのメタデータ
ユーザ嗜好情報，ユーザ履歴情報，ユーザの付けるブックマークなど

あらゆるメディアがデジタル化されたことにより，ビジネスモデルを自由に決めることができるようになった．これはアナログのときには実現できなかったことである．しかし，それに伴い顕在化してきたのが権利の問題である．すなわち，今後のネットワークを用いて行うビジネスは権利の流通と置き換えることもできる．特にその中でも著作権に関する問題はここ数年大きな問題になってきている．この問題に関して少し触れてみたい．

(2) MPEGにおけるアプローチ

従来のMPEG-1，2においては圧縮の方式の標準化を行ってきた．これらはCDあるいは衛星デジタル放送などで用いられた．最も新しいMPEG-21では著作権管理が最重要問題だと位置付けされている．すべてが1と0のデジタル情報で表現され，オリジナルが存在し得ない状況で，紙の文化をベースに作られた著作権がそぐわないのは仕方がないことかもしれない．

また，MPEG-7で検討されほぼ固まってきたメタデータをベースに，TVAFではまったく新しい放送方式を実現しようとしている．

現在までに以下の5方式が決定あるいは検討されている．

MPEG-1 　動画・音声の蓄積・検索（CDへのビデオ蓄積）
MPEG-2 　デジタルテレビジョン（放送コンテンツ，DVD）
MPEG-4 　マルチメディアアプリケーション（インターネット，モバイル）
MPEG-7 　マルチメディアコンテンツ記述（検索アプリケーション）
MPEG-21　マルチメディアフレームワーク

図2-9に示すように，CDなどに使われたMPEG-1，衛星放送などに使われたMPEG-2は純粋に圧縮の方式を決めてきたのだが，その後MPEG-4ではコンテンツのオブジェクト化を行い，さらにMPEG-7でそのメタデータ化を進めている．MPEG-4，7にはIPMPという権利の保護を行う領域が設けられている．さらに，2000年に発足したMPEG-21では，ユーザの立場から見て重要だと思われるいくつかの問題を対象としているが，権利の保護に関する部分が最も重要だとされている．

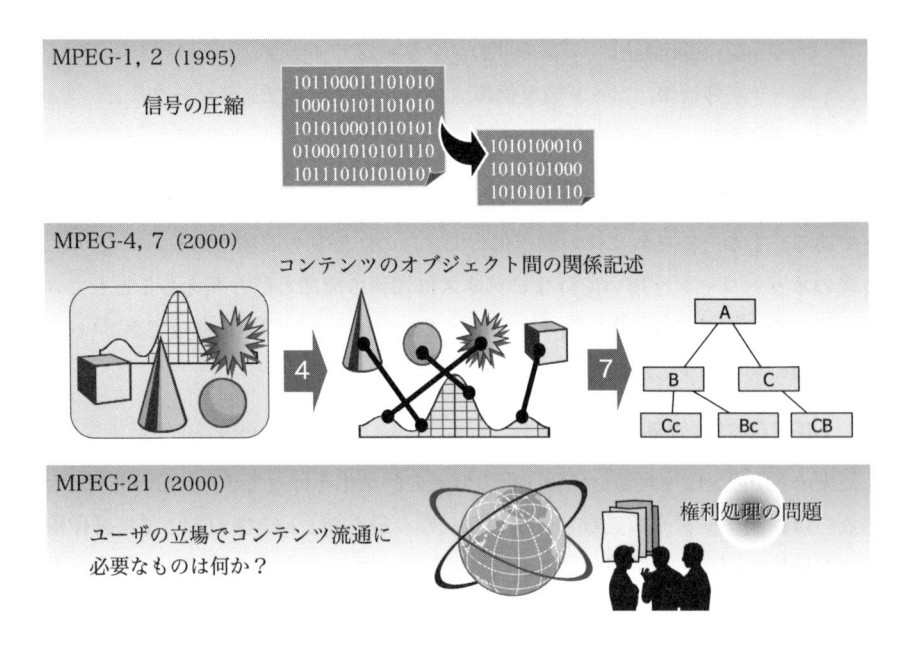

図 2-9 MPEG の実現すること

参考文献

[1] 斎藤ひとみ・宇陀則彦・石塚英弘:「Dublin Core Metadata Element Set による複数メタデータの検索」,「ディジタル図書館」, No.11, 1998年3月4日 (http://www.dl.ulis.ac.jp/DLjournal/No_11/5-saito/5-saito.html).
[2] 超流通 (http://sda.k.tsukuba-tech.ac.jp/SdA/SdAbib.html).

(岸上 順一)

第3章

メタデータ基本技術とその背景

3.1 制度と技術

　WIPO（World Intellectual Property Organization）条約の批准のために各国が行ってきた著作権法の改正が一段落し，わが国においても不正競争防止法とともに批准に向けての準備が整った．ここで重要なのは，技術的保護手段である．これは何らかの技術を用いて著作権で守られる対象（コンテンツ）を保護するものである．一方，この技術が完全でなく，従来から私的使用に関しては録画，録音が認められてきた経緯から，一定の補償金を機器の販売の際に載せることが認められている．しかし，ヨーロッパにおいて Levy と称され，PC にも適用するということで問題になっている．さらにヨーロッパでは，統合に向けての作業の中で著作権に対する関心も高まり，精力的に DRM（Digital Rights Management）に関する検討が進められている．

　インターネットにおけるコンテンツの流通が可能になり，権利保護に関しても国をまたがるケースが増えてきている．これまではまったく考えられていなかっ

たことが起こることも予想され，また各国法だけでは適切に裁ききれない事態もありうる．しかし，健全なコンテンツ流通はこれからのデジタル社会においては不可欠である．新しい秩序の確立ができなければ，良いコンテンツ，ひいては文化の発展もあり得ない．

そこで，GBDe (Global Business Dialog on e-commerce)[1] という民間 CEO の集まりが 1999 年から始まっている．ここでは消費者保護，ADR (Alternative Dispute Resolution)，関税，国税，貿易問題などに加え，知的財産権の問題も 2000 年，2001 年と続けて議論され，それぞれ，「Notice and Takedown (N&T)」，「技術的保護手段」に関する提言を秋の総会で行った．ここではグローバルにサービスが飛び交う EC の世界を前提に，最低限のガイドラインを提言する内容を議論しており，その内容は APEC，WEF，OECD などの国際機関だけではなく，各国の政策にも大きな影響を及ぼしている．権利の問題は，各国が合意するのに最も難しいテーマではあるが，インターネットを用いたサービスは，一端発信されるとそれが正当なものか否かにかかわらず一瞬にして世界中に広まってしまうという性質をもっている．2000 年にそのガイドラインを出した N&T は，元々アメリカの著作権法である DMCA (Digital Millennium Copyright Act) にその概念があったもので，著作権を不正に扱ったコンテンツがウェブに載ると，一定の条件のもとでそれを削除できるというものである．また，2001 年の技術的保護手段に関しても，その位置付けと補償金（Levy）との関連などがガイドラインとして提案された．

このように，権利の保護に関しては，技術的な手段とそれを補う，あるいは強制力をもたせる形で制度の制定が行われてきている．しかし，この二つだけでは機能しない．最も重要なことは社会的アクセプタンスである．どんなに模造が困難で，技術的にも進んだ貨幣ができたとしても，人々がそれを信じなければただの紙切れである．この信頼性をどのように確保するかということが案外重要なのである．時間がかかることである．

3.2　全般的な標準化への動き

技術的な動きの中では，DRM のデファクト標準化，権利保護手段（RMP）の標準化，あるいは守るべき情報の標準化（RMPI：RMP Information），さらに，これ

3.2 全般的な標準化への動き

コンテンツ

メタデータ
- コンテンツ属性
- 権利属性
- 権利運用属性
- 流通属性
- 分配属性
- プロファイルレベル
- …

cid と他の標準メタデータとの組み合わせも可能

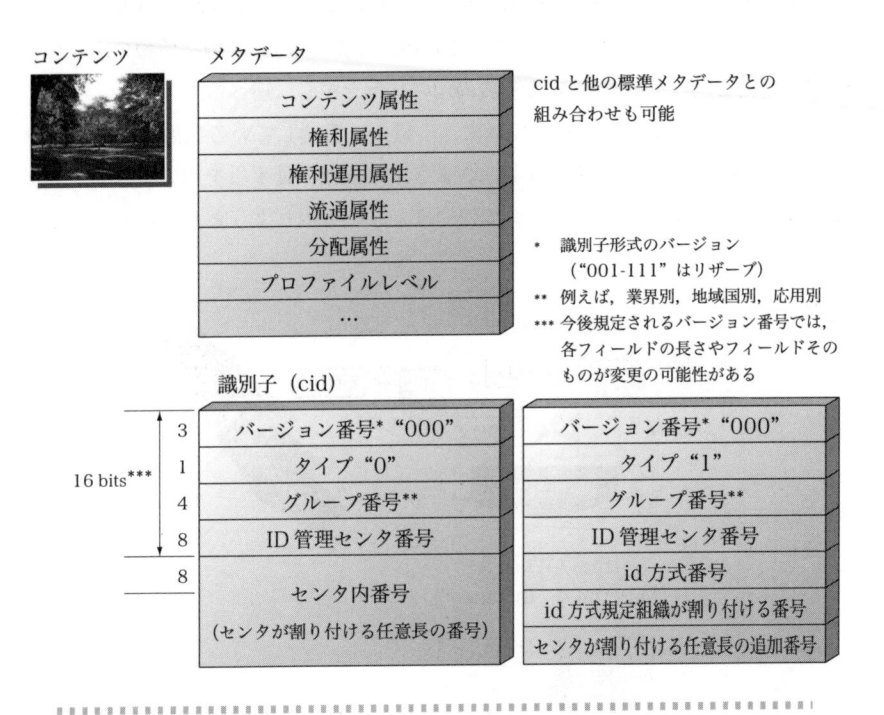

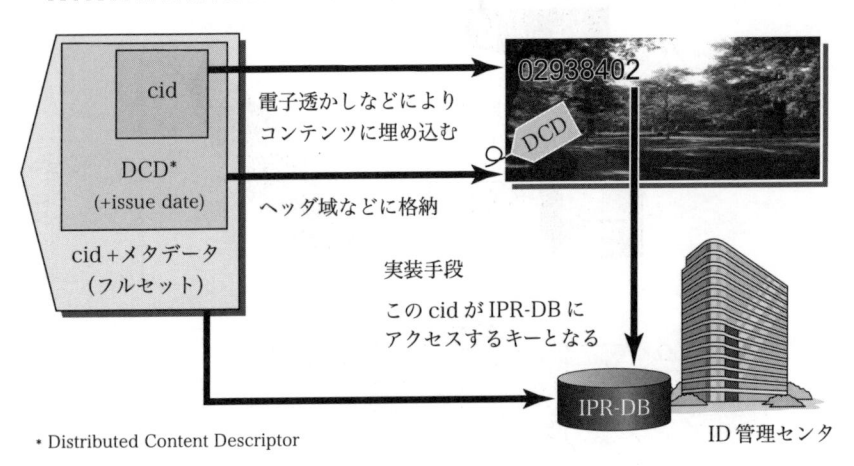

* 識別子形式のバージョン（"001-111" はリザーブ）
** 例えば，業界別，地域国別，応用別
*** 今後規定されるバージョン番号では，各フィールドの長さやフィールドそのものが変更の可能性がある

識別子（cid）

16 bits***

bits		
3	バージョン番号*"000"	バージョン番号*"000"
1	タイプ "0"	タイプ "1"
4	グループ番号**	グループ番号**
8	ID 管理センタ番号	ID 管理センタ番号
8	センタ内番号	id 方式番号
	（センタが割り付ける任意長の番号）	id 方式規定組織が割り付ける番号
		センタが割り付ける任意長の追加番号

cid

DCD*
(+issue date)

cid＋メタデータ
（フルセット）

電子透かしなどにより
コンテンツに埋め込む

02938402

DCD

ヘッダ域などに格納

実装手段
この cid が IPR-DB に
アクセスするキーとなる

IPR-DB

ID 管理センタ

* Distributed Content Descriptor

図 3-1　新しいコンテンツ ID の仕組み

らと ID あるいはメタデータと組み合わせたものなどが提案されている．そのいくつかはすでに 1.4 節で述べられているため，ここでは ID と権利情報の組み合わせで標準化を図っている cIDf とその周辺の状況を中心に述べる．

cIDf は 1999 年 8 月に発足して以来，一貫して流通している状態のコンテンツ（content instance）に ID を付与し，さまざまな権利保護手段を用いて，健全なデジタルコンテンツのネットワークでのやりとりを実現しようとしている．ここで

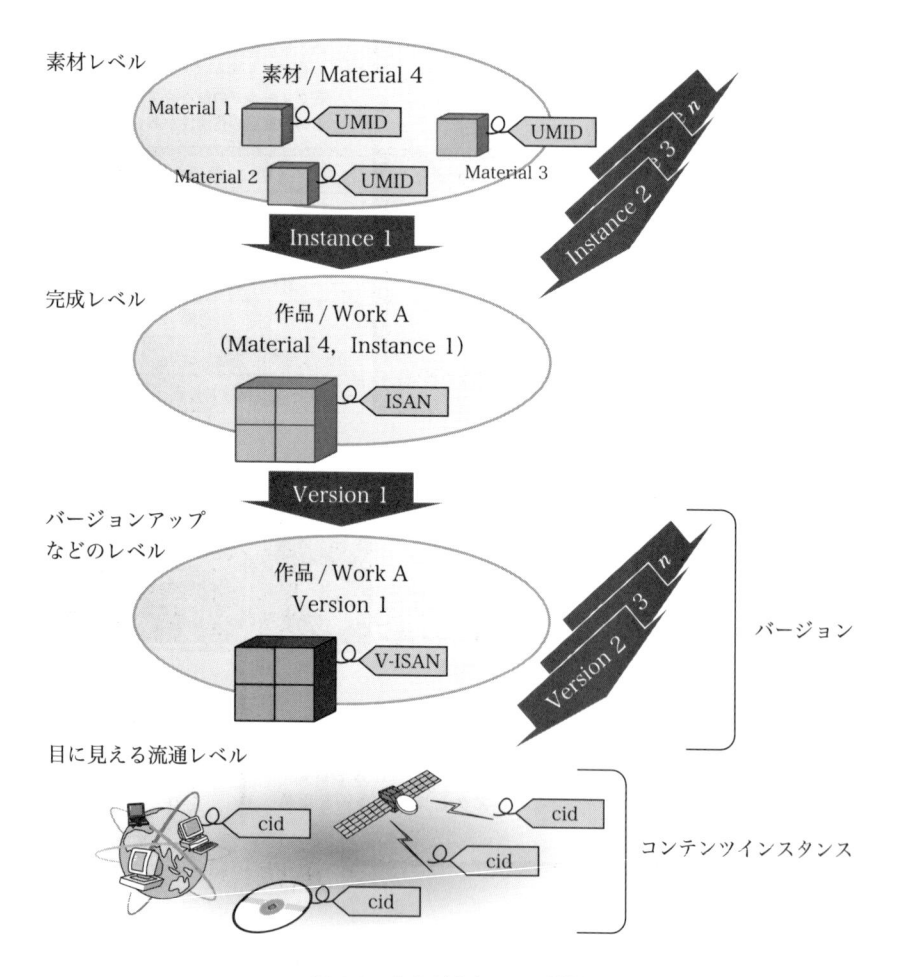

図 3-2　さまざまな ID の関係

ユニークなのは ID 付与単位の一意性である．放送の企画である SMPTE では，素材に対する ID として UMID を，それらを編集して一つの作品としてでき上がったものに対し ISAN（International Standard Audiovisual Number）を用い，さらにそのバージョンが変わっていくものに対して V-ISAN（Versioned ISAN）を考えている．さらにこの V-ISAN が DVD，インターネット，放送などのさまざまなメディアで流通されるとき，そのそれぞれを区別して cid を付与するとしている．

cIDf では，従来は ID とメタデータを一緒にして「コンテンツ ID」と称していたが，最近，ID あるいはメタデータの言葉も市民権を得てきており，これらとの概念の遊離を解消するため，ID とメタデータのアンバンドル化を決めた．図 3-1 に示すように，cid と他の組織で定義したメタデータとの共存が可能になっている．

世の中の ID は，図 3-2 に示すように，素材レベルに付与するものから，作品，さらにその流通経路を意識して付与するものまで考えられる．

3.3　権利記述

3.3.1　権利保護に関しての動き

従来各業種別に独立に定義されていた権利に関する記述を同じ表現で記述しようという試みが MPEG-21 において行われている．ここでは REL（Rights Expression Language）で記述言語を決め，RDD（Rights Data Dictionary）でそれに使う辞書を定義しようとしている．これは，さまざまな流通経路において権利記述を統一しようというもので，DRM と組み合わせて自由な権利流通を目指すものである．この REL には XrML を使うことが 2001 年 12 月に決定されている．現在は RDD に関する審議を行っている．この XrML は TVAF でも有力な権利記述言語として扱われている．これはコンテンツの使用に関する権利や条件を表現する用語を規定した XML ベースの言語であり，基本機能として Principal, Resource, Right, Condition という四つの要素を決めている．それぞれ「誰が」「何に関して」「複製の権利」を「どのような条件で」許諾するかという記述を行う．この許諾のことを Grant と表現し，複数の Grant を含むものを License（認可）として扱う．

3.3.2 権利辞書の整備

MPEG-21 では，RDD として扱う辞書に関しては業種ごとに決められているのが現状である．しかし業種ごとに統一されているわけではない．基本的には XML ベースで記述される場合が多いため，複数の権利辞書を使うことも可能である．

3.3.3 cIDf におけるアプローチ

1999 年 8 月に発足したコンテンツ ID フォーラム（cIDf）は，すべてのメディアを対象にするという点においてユニークな著作権保護に関するフォーラムである．すべてのメディアに ID を付け，その ID は図 3-3 に示すように著作権情報だけではなく，流通情報，コンテンツ情報などのメタデータを含み，さらにそのメタデータは部分的にはダイナミックに変化することを許容するものである．

これらのアプローチにもかかわらず「顔のない」デジタルコンテンツの流通に関して決定的なものはまだない．ただ，この cIDf が行っている ID を付けるということがキー技術になることが予想される．インターネットにおいては，すべてのサーバにはドメイン名が，そしてルータも含め IP アドレスがあり，うまく管理されている．同じような考えでストレージ，ネットワーク，そしてコンテンツに

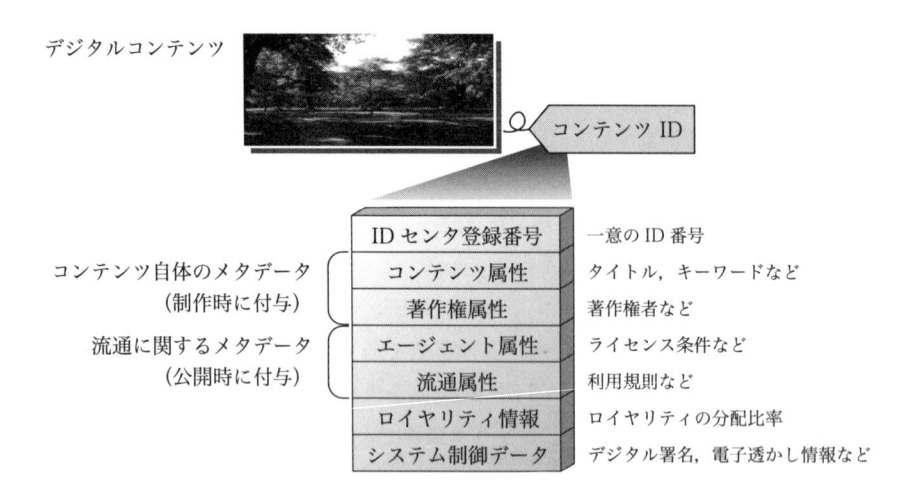

図 3-3 cIDf における権利記述内容

何らかの形でふられるIDが今後ともますます重要になるであろう．

　このフォーラムでは，静止画，動画，音声だけではなく，一般的には電子透かしを入れることが非常に困難と言われているCG，テキスト，ソフトウェア等を含む，あらゆるメディアを対象としている．また，国内だけの標準化活動にとどまらず，グローバルなデファクト標準化を目指すものであり，ヨーロッパを中心とて類似した活動を行っているDOIF（Digital Object Identifier Foundation）や，ISOのMPEG，ネットワーク音楽配信フレームワークを検討している他団体とも活動を連携している．また，映像，出版，図書館など多くの著作権処理団体がindecsの制定するメタデータスキームとの相互運用を表明している．IDF（International DOI Foundation）は，DOI（Digital Object Identifier）[2]と番号表記法，レゾリューションシステム，番号登録プロトコル等の共通化を共同検討した．Indecsとは変換辞書およびRDF（Resource Description Framework）/XML表現を規定しており，アフィリエイトの関係になっている．

　このフォーラムで規定しようとしているのは，まずIDセンタ管理情報（ユニークコード）と呼ばれるIDである．さらに，コンテンツの著作物属性，流通属性などの各種メタデータの規格化も考慮し，ID，メタデータが仮想的にコンテンツにバインドされた形式でネットワーク上を流通するというものである．したがって，コンテンツIDが付与されたコンテンツであれば，誰もがこれらの情報を参照できるようになる．情報更新の頻度やローカル参照の必要性に応じて，

① コンテンツヘッダおよび電子透かしとして実際にコンテンツに付随してまわる情報
② ポインタのみがコンテンツIDに格納されており，実データはID管理センタが管理する情報
③ 著作権者の個人管理のように，さらにポインタが張られている情報

の3種類に分けて格納管理される．メタデータには，本来コンテンツが発生してから以後，流通や使用のみでは変化しないスタティックな部分（IDセンタ管理情報と著作物属性）と，流通や利用により後から変化する可能性のあるダイナミックな部分（流通属性やシステム制御など）の二つの部分に分かれる．このうちスタティックな部分がコンテンツの編集などにより変化した場合は，別のコンテンツが発生したと考え，新たなコンテンツIDを付与する．それに対して，販売のた

めのコピーや利用だけではスタティックな部分は変化しないため，同じコンテンツ ID が継続して利用される．

ID 管理センタについては，インターネットの ICANN（Internet Corporation for Assigned Names and Numbers）などと同様に，ID 発行の効率を高めるために地理上分散した複数の管理センタで行われ，さらにこれらセンタは ID 発行（ユニーク情報）を保証する Authority によって統括される．上記の五者は，コンテンツ流通に直接関与することから「内部プレーヤ」と呼ばれている．それに対して，直接はコンテンツ流通には関与しないが，コンテンツ ID の仕組みを使って違法サイトを検出するサイバーポリスや，コンテンツの格付けサービスのように，外から付加価値を与えるプレーヤも存在する．それらのプレーヤは外部プレーヤと呼ばれる．コンテンツ ID フォーラムでは，相互接続保証のために内部プレーヤに対する機能定義やインタフェース検討を行うとともに，外部プレーヤに関してもサービス競争を阻害しないよう考慮している．

3.3.4　技術的保護手段

デジタルコンテンツに関する著作権保護の仕組みの重要さが，最近取り上げられるようになってきた．cIDf, MPEG, TVAF, indecs, IDF, CISAC（Confederation Internationale des Societes des Auteurs et Compositeurs）などでグローバルな仕組みについて話し始められたところである．WIPO では著作権保護手段の改変および除去を禁じることを求めており，昨年行われたわが国の著作権法改正にも盛り込まれた．しかし，アメリカの DMCA も含め，本格的な保護の仕組みはまだできていないと理解されている．

『アメリカ著作権制度』[3] では「これまでアメリカ議会が私的使用に対して権利を及ぼすことに比較的消極的だった理由は主として利用者の特定と交渉のための取引費用を考慮してのことであった」とあり，1992 年のニューヨーク南部地区連邦地方裁判所は，CCC（Copyright Clearing Center）の確立による取引費用の提言の事実を重用視している．つまり，わが国の著作権法第 30 条でも規定されている「私的使用」は，今後のデジタルコンテンツ流通においては大きな問題になる可能性を秘めている．

コンテンツの著作権を保護するため，いくつかの組織で現在精力的に開発と標

準化が進められている．図3-4に示すように，あらゆるメディアがデジタル化の方向に進んでいる．デジタルになるということは，コピーが簡単で劣化がない，配布が楽である，リアルタイム性が強いなどの利点があるが，それは場合によってはマイナスの面もある．インターネットのもつ可能性とこのようなデジタルコンテンツの特徴をうまく生かすことが，保護技術に求められている．建築，絵画，彫刻のようなコンテンツには，オリジナルという概念が存在する．しかし，デジタルコンテンツにはオリジナルの概念が存在しにくい．特にCGなどのように最初からコンピュータを用いて作成されたものに対しては，コピーされたデータとオリジナルデータとの間にまったく差がない．

コンテンツにIDを付与するという概念は昔からあった．音楽では，IFPI（International Federation of Phonograph and Videogram Producers）が制定したISRC（International Standard Recording Code）により，権利をもつ会社の番号と曲が管理されている．出版では，ISOの制定したISBNが書籍の管理を行っている．また，1999年3月3日にIBM, Intel, Panasonic, ToshibaによってDVD-Audioに関するコンテンツ保護のフレームワークが発表され，BMG, EMI, Sony Music,

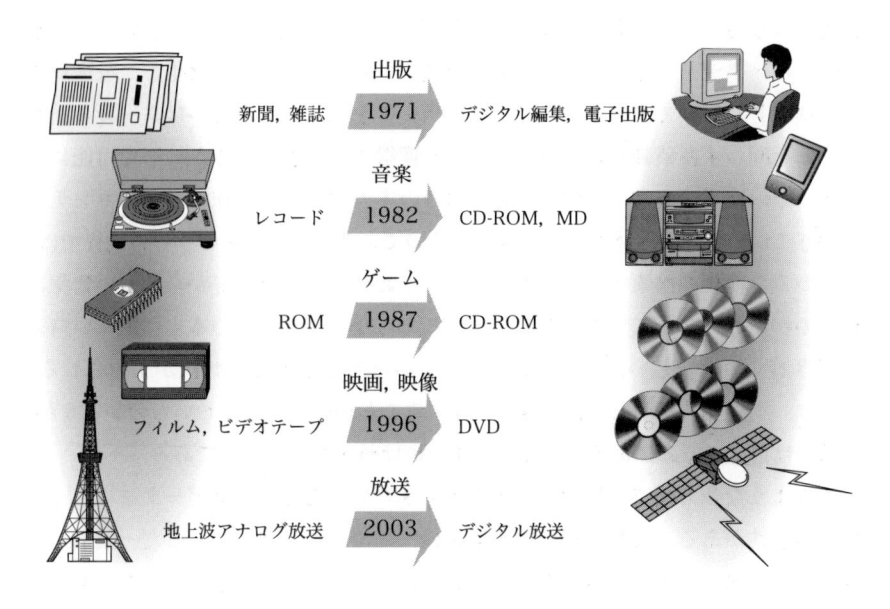

新聞，雑誌	出版 1971	→	デジタル編集，電子出版
レコード	音楽 1982	→	CD-ROM, MD
ROM	ゲーム 1987	→	CD-ROM
フィルム，ビデオテープ	映画，映像 1996	→	DVD
地上波アナログ放送	放送 2003	→	デジタル放送

図 3-4　デジタル化が進むメディア

Universal Music，Warner Music の五大音楽産業会社の支持を受けた．技術的な特徴としては電子透かしと暗号であり，この方式の DVD-Audio はライセンスを受けたプレーヤでのみ再生できる仕組みにしている．デフォルトではユーザが 1 回だけ CD 品質で自分用にコピーすることを許可している．また，アメリカのレコード協会が音頭をとった SDMI (Secure Digital Music Initiative) でも電子透かしの技術が使われている．これらはいち早く EC 市場で立ち上がった音楽のダウンロードによるビジネスに対する技術的なサポートのために制定された．しかし，その後暗号が解読されたり，電子透かしが破られたりし，技術とアタッカーのいたちごっこが続いている．また，これらの技術は主に音楽を対象としているが，デジタルコンテンツではさらにマルチメディア化が進み，あらゆるメディアを対象にした著作権管理方式が求められている．

3.4　検索技術

　メタデータは元々検索のために考えられてきたのであるが，その用途は非常に広範囲になることが期待されている．放送においてはすでに EPG という形で意識せずにメタデータを使っているが，今後ブロードバンドが本格化し，放送以外にブロードバンドで国内外からもネットワークを通じて，あるいはローカル，リモートを問わず蓄積装置からコンテンツを獲得することが何らかの形で可能になると，その検索は非常に困難になる．自分の本当に欲しい情報あるいはコンテンツがどこにあるのか自体がわからなくなるのである．インターネットの世界では，いろいろな種類の検索エンジンが開発されており，キーワードから欲しい情報にいくのが常識になっている．しかし，それでもなかなか自分の本当に欲しい情報に行き着くのは難しい．これと同じ，あるいはもっと困難な状況が予想される．つまり，動画であるがために中身を一覧することが難しく，欲しいものかどうか，あるいは自分の好みにあうかどうかがすぐにはわからないからである．

　このような多方面での検索システムからさらに進んで，メタデータにはもっと広い可能性がある．権利関係の解決もその一つである．さらに，まだ一般的ではないが，メタデータを意識したコンテンツ作りということが必要になるかもしれない．これまでのコンテンツは流されるままに受け身で見ていた．一方，ゲーム

は常にユーザの意思を反映しながら能動的に楽しむものになっている．これらの中間に位置すると思われるメタデータコンテンツとは何だろうか．例えばスポーツを生で観戦している場合を想像してみるとヒントが隠されている．自分がスタジアムに行って見ているときは，自分の好きな選手の動きを中心に試合を見ているかもしれない．あるいは観客席を見ながらゲームを楽しんでいる人もいる，さらに，ラジオを聞きながら実際のゲームを観戦している人もいるだろう．ゲームそっちのけでビールを飲んでいる人もいる．楽しみ方はさまざまである．このような自由度をできるだけ反映したライブはできないだろうか．

3.5　生成技術

　メタデータを用いたシステムは無限の可能性を与えてくれる．これと同じようなシステムがデータベースである．飛行機のチケットの手配，テレビの配信，コンサートのチケット手配など，データベースなしの生活は考えられない．あったら便利だし，みんなで共有するとさらにその便利さが増すのだが，問題はその入力コストをどうするかということである．現在はそのステークホルダーが明確なので問題ないが，将来は単純にはいかない．これをメタデータで考えると，問題点が浮かび上がってくる．誰もがあれば便利だとは言いながら，その生成，入力コストの負担はしたくないという状況になる．もちろんいくつかのステークホルダーは負担をするのだが，100%の独占でなければその全負担を行いたくはない．RFIDもその一つであろう．RFIDがあれば便利だが，たとえそのコストが5円になっても，その上に添付コストを払ってソースタギングをするまでにはハードルが高い．

　メタデータの場合は，その生成コストを最小にすることがまず重要である．テレビ局など，すでにメタデータにあたる情報を生成している場合は，その整合をとるだけで新たなコストが発生しない場合もある．しかし，例えば過去のコンテンツに対するメタデータ付与を考えると，それはすべてコストになる．画像の特徴抽出，テロップからのメタデータ検出，シーンチェンジからのセグメントメタデータ抽出など，さまざまな経済化メタデータ生成技術開発が行われており，これらの技術を統合した，安価で使いやすいメタデータ生成システムの完成が待た

れる．

　さらに，一般生活を考えると，プロのコンテンツだけではなく，普通の人が撮影した映像などのコンテンツもメタデータを用いて整理したり，他の人に見せたりしたくなるであろう．できるだけ簡単にメタデータを付けることを目指すと，さらに便利な技術が要求される．例えばカムコーダで自分の子供の運動会の映像にメタデータを付与することを考える．まず，GPSを用いた位置検出システムから場所のメタデータを生成し，時計と場所のメタデータから，時刻以外に天気などのメタデータを付与できる．さらに絞りなどの情報も自動化でき，撮影者などの情報は指紋検出や音声認識で可能となろう．こうして個人の膨大な情報をアーカイブできるようになると，その人の記憶をアーカイブして，個人のさまざまな知的生産活動に応用できる日が来るかもしれない．

参考文献

[1] GBDe (http://www.gbde.org/).
[2] DOI (http://www.doi.org/).
[3] 小泉直樹：『アメリカ著作権制度』，弘文堂，1996．

(岸上 順一)

第 II 部

セマンティックウェブ

　第 I 部で見てきたように，メタデータはデータに内在する意味情報を明示的に記述したものと考えることができる．情報をその意味に基づいて処理する次世代のウェブとして，セマンティックウェブが提案されている．第 II 部ではセマンティックウェブの実践と標準について紹介する．まず，第 4 章でセマンティックウェブの意義を述べる．次に，第 5 章でメタデータ記述言語 RDF の標準化動向について紹介し，第 6 章でセマンティックウェブを実現する技術であるオントロジ記述言語 OWL を説明する．

第4章

セマンティックウェブの意義

4.1 セマンティックウェブの必要性

　ウェブがインターネットやブロードバンドの普及に果たした役割は大きい．総務省の「情報通信白書」（平成16年版）[1]によると，個人のインターネット利用の57%はウェブの情報検索であり，1位の電子メール（58%）とほぼ同じ利用率となっている．現在のウェブ情報検索は，ウェブページのテキスト解析とページ間のリンク解析に基づく検索技術が主流である．このような検索技術は，テキストが主体であった従来のウェブでは有効に機能していたが，画像や動画などのコンテンツには有効ではない（上記の白書によると，日本のウェブの総ファイルのうち，7割が画像で，テキストは3割である）．画像や動画，音声など多様なコンテンツを扱うためには，そのコンテンツが何を表しているかなどの意味を考慮する必要がある．

　セマンティックウェブは，情報をその意味に基づいて処理する次世代のウェブである．セマンティックウェブでは，対象領域の意味構造（オントロジと呼ばれ

る）に基づいて，情報の意味がメタデータとして付与される．例えば，絵画コンテンツの作者や作成時期に関するメタデータを用いて，「江戸初期の狩野派」による作品が検索可能となる．セマンティックウェブ技術により，情報検索だけではなく，情報の編集や要約など，意味に基づく情報統合も可能となる．意味付けされるのは，コンテンツだけではない．利用者端末の種別やディスプレイの大きさなどのメタデータを用いて，端末（例えば，携帯電話やPC）に応じたコンテンツの配信も可能となる．さらに将来的には，利用者の位置や環境など状況に応じた情報提示も期待できる．

4.2　セマンティックウェブのアーキテクチャ

セマンティックウェブはウェブの創始者ティム・バーナーズ・リーが1998年に提唱した次世代のウェブであり，図4-1に示す階層で構成される．XML層以下が，現在のウェブに相当する．XML層の上のRDF層がメタデータの層である．セマンティックウェブの根幹は，情報を意味付けるメタデータと，メタデータを意味付けるオントロジにある．

図4-2に，コンテンツとメタデータ，オントロジの関係を示す．メタデータ層では，コンテンツに対するメタデータが記述される．セマンティックウェブでは，メタデータの属性名をプロパティと呼ぶ．図4-2では，「作者」と「作成時期」が

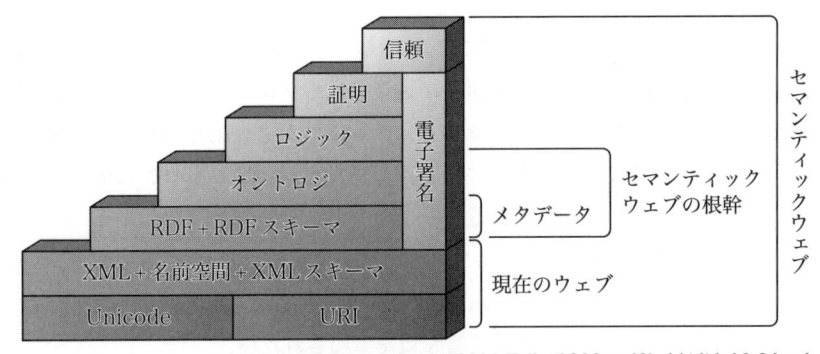

http://www.w3c.org/2000/Talks/1206-xml2k-tbl/slide10-0.html

図4-1　セマンティックウェブの階層構成

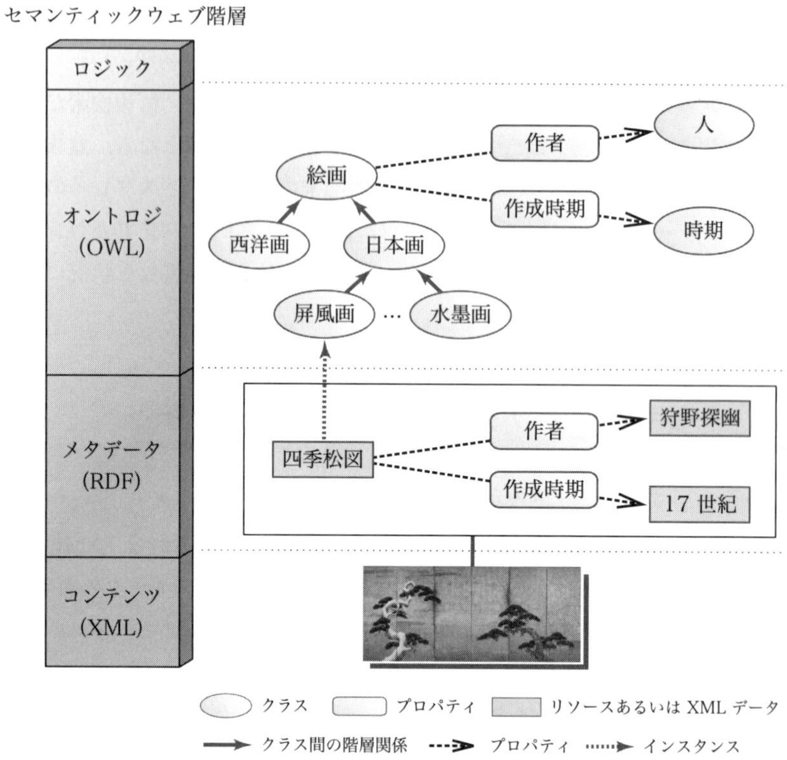
セマンティックウェブ階層
ロジック
オントロジ
(OWL)
メタデータ
(RDF)
コンテンツ
(XML)
絵画
作者
人
作成時期
時期
西洋画
日本画
屏風画
…
水墨画
四季松図
作者
狩野探幽
作成時期
17 世紀
クラス
プロパティ
リソースあるいは XML データ
クラス間の階層関係
プロパティ
インスタンス

図 4-2　コンテンツとメタデータ，オントロジの関係

プロパティである．オントロジ層では，プロパティの定義が記述される．図 4-2 の例は，「作者」プロパティは「絵画」に定義されるプロパティで，その値は「人」であることが記述されている．すなわち，オントロジとは対象領域（この例では絵画）の意味構造を記述したものである．直感的には，オントロジは構造化されたメタデータセットと見ることもできる．

ウェブの標準化団体 W3C において，メタデータ記述言語 RDF とオントロジ記述言語 OWL（Web Ontology Language）の標準化が進められている．以下，これらについて簡単に説明する．詳細は第 5 章を参照されたい．

4.2.1 メタデータ記述言語RDF

RDFは，1999年にW3C勧告（2004年に修正版が勧告）となったメタデータのモデルおよび記述言語である．XMLシンタックスが定義されており，RDFの流通に用いられる．（セマンティック）ウェブでは，ネットワーク上の情報をリソースと呼ぶ．図4-1の最下層のURI（Universal Resource Identifier）はリソースのIDを意味する．RDFという名が示すとおり，RDFはリソースを記述するための枠組である．

RDFでは，〈リソース，プロパティ，値〉の三つ組で，メタデータを記述する．図4-2の点線矢印で結ばれるものがこの三つ組に対応する．値は，リソースあるいはXMLデータのいずれかである．例えば図4-2は，「四季松図」リソースの「作者」プロパティの値が「狩野探幽」リソースであることを意味する．「狩野探幽」リソースに対し，「誕生年」などのメタデータも記述可能である．

RDFの代表的な利用例として，ウェブサイトの要約情報を記述するためのRSS（RDF Site Summary）がある．RSSは，ニュースサイトのヘッドラインの配信などに用いられている．具体例としては，CNETニュースサイトのRSSデータを参照されたい．XML形式のRDFデータを見ることができる．また最近，ブログの更新情報を発信するのに，RSSがよく用いられている．

メタデータに関連する研究課題は，コンテンツに対していかにメタデータを付けるかである．コンテンツのタイプ（画像，映像，テキストなど）によってアプローチは異なる．テキストを対象としたものに，ウェブ上の2.6億ページに4.3億個のメタデータを自動的に付与した研究がある [2]．

4.2.2 オントロジ記述言語OWL

OWLは，2004年に勧告となったオントロジ記述言語である．OWLでは，クラスとプロパティにより，対象領域の意味構造を記述する．例えば，図4-2では，「絵画」，「人」などがクラスである．オントロジは，クラスやプロパティの関係や制約により記述される．例えば，図4-2の左側は，クラス間の階層関係を表している（図では簡単化のために実線矢印で表しているが，実際にはsubClassOfという組込みプロパティが用いられる）．

同様に，プロパティにも階層関係を定義できる．例えば，「作成年」プロパティ

を「作成時期」プロパティの下位のプロパティとして定義可能である．各クラスには，リソースがインスタンスとして定義される．図 4-2 の例では，「四季松図」リソースは「屏風画」クラスのインスタンスである．具体的な記述については，第 6 章を参照されたい．

4.3　オントロジの役割

セマンティックウェブでは，オントロジが重要な役割を果たす．具体的には，オントロジにより以下が実現できる．

① メタデータの意味的な整合性チェック
② メタデータに対する問合せ記述
③ メタデータに対する制約記述

4.3.1　メタデータの意味的な整合性チェック

上で述べたとおり，オントロジはメタデータで用いられるプロパティを定義する．したがって，オントロジはメタデータの整合性チェックに利用可能である．例えば，あるメタデータの「作者」プロパティの値が「人」クラスかどうかを調べて，メタデータの整合性をチェックすることができる．従来のデータベースでは，値が文字列あるいは数値などの統語論的なチェックしかできなかったが，オントロジを用いることにより，「人」や「地名」などの意味を考慮したチェックが可能となる．

4.3.2　メタデータに対する問合せ記述

オントロジはメタデータのデータベースに対する問合せにも用いられる．データベースの観点からは，オントロジは構造化されたスキーマと見ることができる．例えば，絵画データベースのスキーマは，絵画クラスと作者や作成時期などのプロパティからなる単純なオントロジと考えることができる．したがって，「狩野探幽の絵画は」という問合せに対し，図 4-2 のクラス階層とプロパティを用いて，「四季松図」が問合せ結果として得られる．

より複雑な問合せも可能である．例えば，「狩野派」クラスが定義されていて，「狩野探幽」をインスタンスとしてもつとする．このとき，「17世紀の狩野派の絵画は」という問合せに対し，「四季松図」が問合せ結果として得られる．さらに，「人」クラスに「誕生年」プロパティがされているとすると，「16世紀に生まれた人が描いた絵画」などの問合せも可能である．

4.3.3 メタデータに対する制約記述

OWLはクラスやプロパティに関するさまざまな制約を記述可能としている．例えば，日本画クラスと西洋画クラスが互いに排反（共有インスタンスをもたない）であることなどが記述可能である．さらに，プロパティのとりうる値のクラスや個数に制約を付けて，さまざまなクラスを定義可能である．例えば，文献オントロジで，「論文」クラスに「著者」プロパティが定義されているとする．このとき，著者がすべて日本人の論文や，著者に少なくとも1人の日本人を含む論文，著者が3人以上の論文などのクラスが定義できる．このような制約は，メタデータの整合性チェック（例えば，作成時期が複数定義されていないか）や問合せに用いることができる．

W3Cで標準化しているのは，オントロジの記述言語であり，図4-2のような対象領域のオントロジでないことに注意されたい．すなわち，同じ対象領域に複数のオントロジが定義可能である．複数のオントロジの取り扱いは，オントロジに関する重要な研究課題の一つであり，次節で詳しく述べる．他の研究課題としては，オントロジの構築方法論があげられる．オントロジは人工知能における知識表現や推論に関する研究が背景にある．これらの研究課題に対し人工知能によるアプローチで研究が進められている．

4.4　セマンティックウェブが拓く新たなブロードバンド社会

ブロードバンド社会の実現という観点から，セマンティックウェブ技術は大きな役割を担うと考えられる．本章の以下では，将来のブロードバンド社会について考察し，セマンティックウェブ技術がその実現にどのように寄与できるのかを

考えてみたい．

現在のブロードバンドの利用形態は，ADSL（非対称デジタル加入者線）という言葉に象徴されるように，情報の発信者と受信者の関係が非対称である．すなわち，少数の発信者と多数の受信者という非対称な関係にある．ブロードバンド化の進展により，発信者が増加し，多様な情報が発信され流通することが予想される．特に，携帯電話のブロードバンド化により，ビデオカメラ付き携帯電話で撮影した実世界の映像（例えば，サッカーの試合や風景の映像）がネットワーク上で大量に流通すると考えられる．このような実世界の映像情報やセンサ情報に意味付けを行うことで，これらの情報を活用した新たなサービスの実現が期待できる．

また，上記の白書[1]が示すように，人々はコミュニケーション（電子メール）とサービス利用（情報検索やネットショッピング）のために，インターネットを利用している．ブロードバンド社会では，多様な文化的背景をもつ人々の間でのコミュニケーションが増大するであろう．人々のコミュニケーションにおいて，実際にやりとりされる情報に意味を付加して伝え合うことにより，新たなコミュニケーション環境の実現が期待できる．例えば，情報の経緯や背景を伝え合うことにより，人々がより理解し合えるコミュニケーションが実現できると考えられる．

以下では，セマンティックウェブが拓く将来のブロードバンド社会像について，以下の三つの観点から考察する．

① ブロードバンド社会の情報流通基盤
② ブロードバンド社会のコンテンツと情報
③ ブロードバンド社会での新たなコミュニケーション

4.5 ブロードバンド社会の情報流通基盤

4.5.1 意味を考慮した情報流通

インターネットの歴史を振り返ると，相互運用性（interoperability）をネットワーク階層の下のレイヤから達成してきたことが見てとれる．現在のインターネットは，1970年代に提案されたTCP/IPに基づいている．TCP/IPにより，ネットワークレベルの相互運用性が達成された．しかし，1980年代までは，ネッ

トワーク上でやりとりされるデータ形式はバラバラの状態であった．1990年代にXMLが登場し，データ形式レベルの相互運用性が達成されることになる．データ形式までは，対象領域に依存しない標準化が可能であった．しかし，その上のデータモデルは対象領域に依存する．

データモデルは，メタデータセットやデータベースのスキーマに対応する．データモデルの相互運用性とは，例えば，同じ対象領域で異なるメタデータセットを統合することである．具体的には，図4-2の例で，「作成時期」プロパティを「作成年」プロパティにしたオントロジや，「価格」プロパティが定義されたオントロジとの統合をどうするのかという課題である．すなわち，これまで考慮の対象外であった情報の意味の領域に踏み込まざるを得ない段階に到達したと考えられる．

意味レベルの相互運用性をどのように達成するかが，ブロードバンド社会の情報流通基盤を実現するためのキーとなる．アプローチとしては二つある．一つは対象領域でオントロジを標準化するというアプローチである．これはメタデータセットを標準化することに相当する．もう一つは，複数のオントロジを統合するというアプローチである．

ブロードバンド社会では，多様な文化的な背景をもつ人々が情報を流通させ，またその変化のスピードも速いと考えられる．このような状況下では，オントロジを標準化するのは困難である．例えば，文化の差違により，オントロジは地域によって異なる．また，オントロジは時間により変化する．あるオントロジは，独立に更新あるいはカスタマイズされる可能性がある．このようなオントロジの時間的・空間的な広がりに対処するためには，オントロジを統合するアプローチが有望と考えられる．

4.5.2 情報の意味的統合

複数のオントロジを統合する技術は，情報の意味的統合（semantic integration）と呼ばれ，研究が盛んになってきている．上述のとおり，オントロジは構造化されたデータベーススキーマと見ることができる．データベース分野における異種データベースの統合などのデータ統合研究，および人工知能におけるオントロジ研究を背景に，オントロジに基づく問合せ変換などの研究が進められている．

図4-3に，オントロジに基づく問合せ変換の概念図を示す．オントロジに基づ

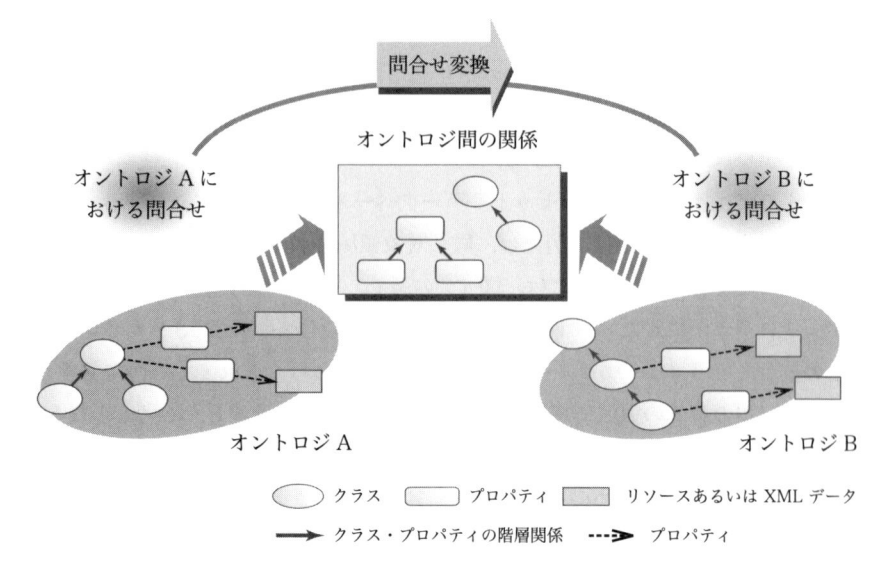

図 4-3 オントロジに基づく問合せ変換の概念図

く問合せ変換では，オントロジ A における問合せが，オントロジ間の関係に基づいて，別のオントロジ B における問合せに変換される．例えば，上述の絵画に関するオントロジで，「17 世紀」が「江戸初期」に属するという関係を用いて，「江戸初期の狩野派の絵画は」という問合せが可能となる．

4.5.3　セマンティックウェブサービス

　ネットワーク上のさまざまなサービス（例えば，ホテル予約や航空機予約）も，ウェブサービスの登場により，データ形式レベルの相互運用性が達成されている．すなわち，サービスの入出力のデータ形式が統一されているので，複数のサービスを繋ぐことができるというレベルである．しかし，サービスのダイナミックな連携には，意味レベルの相互運用性が必要となる．この観点から，セマンティックウェブサービスの研究が盛んに進められている．セマンティックウェブサービスでは，サービスの処理モデルを記述したオントロジに基づいて，サービスをダイナミックに連携する．例えば，旅行計画サービスのオントロジに基づいて，ホテル予約サービスと航空券予約サービスがダイナミックに連携される．

4.6 ブロードバンド社会のコンテンツと情報

次に，ブロードバンド社会において，情報流通基盤の上で流通する情報（コンテンツ）について考察する．個人の情報活用という観点からは，ウェブだけが活用可能な情報源ではない．ビデオカメラを含むセンサ類や，個人が蓄積した情報も重要な情報源である．

4.6.1 ユビキタスコンテンツ

1990年代前半までは，新聞社やテレビ局などごく少数のメディアが非常によく練られたコンテンツを発信していた．1990年代にウェブが登場してからは，一般の人々が情報を発信するようになった．ブログの登場により，情報発信者はさらに増加しつつある．ブロードバンド化の進展により，さらに発信者が増加し，多様な情報が発信され流通することが予想される．

ブロードバンド社会では，オフィスや家庭のPCだけではなく，携帯端末・携帯電話もブロードバンドネットワークに接続される．現在のウェブにおいて，ウェブカメラが発信する大量の映像データが存在する状況から考えると，今後，ビデオカメラ付き携帯電話によるリアルタイム映像が大量に流通すると想像される．例えば，サッカー競技場やモータショーなどのイベント会場で，ビデオカメラ付き携帯電話による個人レベルの中継が増えるであろう．携帯電話からブログに情報をアップロードするモブログ[1]に，その萌芽を見ることができる．

ネットワーク上に潜むこのような映像データをいかに探し出すかが，まず問題となる．最初に述べたように，現在の検索技術では歯が立たない．メタデータによる検索が必要である．将来的には，画像認識などのメディア処理技術によるメタデータの自動付与が考えられるが，別の解決策として，時空間メタデータの利用がある．映像データの撮影日時や撮影場所が，例えば携帯電話に付いたGPSなどでわかったとすると，ウェブから対応する日時や場所をもつページを検索すればよい．ウェブページでは，日時や場所がさまざまに表現されるので，時空間オントロジに基づくメタデータ付与が必要である．

---

[1] モバイル（mobile）とブログ（blog）の造語．

また，ユビキタス化の進展により，実世界のさまざまなモノに RFID が付くようになるだろう．このようなカメラ映像や RFID を含むセンサデータは，意味付けられて初めてコンテンツ（ユビキタスコンテンツと呼ぶ）としての価値をもつ．セマンティックウェブ技術により，センサデータをユビキタスコンテンツとして活用できると考えられる．

4.6.2 個人の情報環境

ハードディスクの大容量化，低廉化に伴い，個人が蓄積する情報が増えている．ブロードバンド社会では，情報流通量の増大に伴い，個人に流入する情報量も増大すると考えられる．人間の情報処理能力には限界があるため，何らかの支援が必要である．セマンティックウェブ技術により，個人の情報処理を支援することが可能となる．

まず簡単な例として，電子メールやスケジュール管理などの個人レベルのアプリケーション統合があげられる．例えば，会議の開催を知らせる電子メールに，会議に関するメタデータを付与することで，自動的にスケジュールを更新することができる．ここで用いられるのは，会議の開催日時・場所という時空間オントロジと，参加者である人に関するオントロジである．ここで，人に関するオントロジは，氏名，電子メールアドレスなどのプロパティから構成されるので，メタデータはアドレス帳などから容易に抽出できる（前に述べたとおり，データベースのスキーマは最も単純なオントロジである）．このように電子メールを意味付けした研究例に，Semantic Email がある [3]．

情報を受け取った人が，その情報をどのように扱ったかというのも，その情報に対する重要なメタデータである．例えば，ある会議に関する電子メールを受け取った人 A が，そのメールを別の人 B に転送して，自分（A）はゴミ箱に捨てた場合を考える．この場合，その会議は A にとっては興味がなく，B が興味をもつと考えられる．このように，情報の内容に関するメタデータだけではなく，情報の取り扱われ方に関するメタデータも考慮した研究例に，パーソナルリポジトリがある [4]．パーソナルリポジトリには，個人が受信・発信した情報にメタデータが付与されて蓄積される．パーソナルリポジトリを用いて，個人の情報処理を支援するパーソナルエージェントを実現できる．上の例で，A のパーソナルエージェ

ントは，同種の会議に関するメールを受け取った場合，そのメールの優先度を低くし，Bに転送することを提案することが可能となる．

4.7 ブロードバンド社会での新たなコミュニケーション

ブロードバンド社会では，さまざまな文化的背景をもつ人々が互いにコミュニケートし合う．このような多様な人々の間での誤解や摩擦を減らし，互いにより理解し合えるコミュニケーション環境の実現が望まれる．セマンティックウェブ技術により，このような新たなコミュニケーション環境の実現が期待できる．

セマンティックウェブ技術により，人々のコミュニケーションにおいて実際にやりとりされる情報にメタデータが付加される．例えば前章で述べた，電子メールに対するメタデータである．このメタデータを用いて，その電子メールの意味を明確にすることができる．最も簡単な例は，人名や地名など単語レベルでの曖昧性解消である．例えば，メール中の「田中さん」が誰なのかが明確になる．さらに，パーソナルリポジトリを参照することで，メール中の「先日の資料」も明確にできる．パーソナルエージェントが気を利かせて，この資料を自動的に開いて利用者に提示することも考えられる．さらに，メール中の未知語（例えば「ブログ」）に対し，相手側のパーソナルエージェントに問い合わせて，関連情報を利用者に提示することもできるだろう．

パーソナルリポジトリには，電子メールなどのメッセージにメタデータが付与されて蓄積される．このメタデータを用いて，メッセージのやりとりを要約し，メッセージの背景や経緯をメタデータとして伝えることが可能になると考えられる．将来的には，音声認識技術の発展により，音声会話に対してメタデータをリアルタイムに付与可能となると考えられる．上記の技術を音声会話に適用することにより，会話内容に応じた関連情報を提示し，互いの理解を深める新たなコミュニケーション環境の実現が期待できる．

さらに，オントロジ統合技術を用いて，相手側のオントロジに合わせて情報やメタデータを変換し，相手側の理解を助ける情報を提示するコミュニケーション環境も考えることができる．セマンティックウェブ技術は，意味を扱うための技

術である．意味を考慮したコミュニケーション環境により，人々が互いに理解し合える理想的なブロードバンド社会が実現できると考えられる．

4.8 意味的情報理論に向けて

　本章では，情報という言葉の定義が曖昧なまま議論を進めてきた．4.6節で見たように，「情報」の発信源は人間か機械（センサ）である．しかし，センサから発信されるのはデータであり，人間が解釈して初めて情報となる．例えば，温度センサが発信するのは温度に関する数値データであり，人間が解釈することにより，寒い，暑いなどの意味のある情報となる．ウェブカメラが発信する映像データも同様に，人間が解釈して風景などの情報となる．人間による解釈とは，データに対する意味付けである．すなわち，意味が付けられたデータが情報となる．

　ここで，データに対する意味付けは，解釈する人によって異なることに注意が必要である．例えば，摂氏15度という温度データは，地域（例えば，熱帯と寒冷地）によって意味付けが異なるであろう．厳密には，人によって異なるかもしれないが，同じ地域の人はほぼ同じ解釈と考えられる．これは，温度に関するオントロジが地域ごとに共有されていることに対応する．

　人間が発信する情報も同様である．人間が発信する音声やテキストなどのデータは，発信者のオントロジに基づいてコード化され，受信者のオントロジに基づいてデコード（解釈，意味付け）される．同じコミュニティ内でコミュニケーションが成立するのは，オントロジを共有しているからである．異なるコミュニティ（例えば，英語圏と日本語圏）間でコミュニケーションを成立させるためには，オントロジに基づくデータ変換（例えば，英日翻訳）が必要となる．

　このような観点から，現在の情報通信技術の多くは，発信者と受信者がオントロジを共有していることを仮定していたと考えることができる．オントロジの共有を仮定すると，情報の意味を考慮することなく情報通信を議論でき，さまざまな情報通信技術が発展してきた．しかし，4.5節で見たように，情報の意味を考慮しないといけない段階に到達したのである．

　言い換えると，セマンティックウェブ技術は，シャノンの情報理論を越えた意味的情報理論（semantic information theory）への第一歩を踏み出すものである．

セマンティックウェブでは，データ（XML）だけではなく，そのデータの意味がオントロジ（OWL）に基づくメタデータ（RDF）として流通する．すなわち，発信者側のオントロジに基づいてコード化されたデータに，その意味を記述したメタデータが付与されて発信される．受信者は，発信者側のオントロジと自分のオントロジに基づいて，受信したメタデータを自分のオントロジに基づくメタデータに変換し，受信したデータを解釈する．すなわち，メタデータとオントロジの流通により，意味を考慮した真の情報流通が可能となる．

オントロジに基づくメタデータの変換は，通信路が行ってもよい．オントロジ間の対応関係をいかに巧妙に付けるかをノウハウとする新たなサービスが発展する可能性も考えられる．

4.9　おわりに

ブロードバンド社会の主役は，言うまでもなく人間である．人間による解釈（すなわち，意味）を考慮した情報処理が，ブロードバンド社会には必須である．本章で見たように，セマンティックウェブ技術は，ブロードバンド社会の情報流通基盤，その上で流通する情報，さらに情報を活用したコミュニケーション環境のさまざまな側面で重要な役割を担うと考えられる．

本章では触れなかったが，セマンティックウェブ階層には，オントロジ層の上にロジック層がある．ここでは，ビジネスルールやワークフローなどのルールが記述され，流通される．現在，W3Cを中心にルール記述言語の標準化が進みつつある．ブロードバンド社会における知識流通にも，セマンティックウェブ技術が貢献できる可能性もある．

セマンティックウェブは，新しい研究領域である．現在は，人工知能，データベース，自然言語に関する研究者が中心となって，研究コミュニティを形成している．4.7節で述べたとおり，セマンティックウェブの概念は，従来の情報理論を変革し，大きなパラダイムシフトを引き起こす可能性を秘めている．しかし，セマンティックウェブを実現するための研究課題も多い．特に，4.6節で述べたような映像などのマルチメディアデータに対するメタデータの自動付与が大きな課題である．画像処理などのメディア処理技術が，新たなブロードバンド社会の実現

のキーとなるであろう.

参考文献

[1] 総務省:「情報通信白書」, 平成 16 年版.

[2] S. Dill et. al: "SemTag and Seeker: Bootstrapping the Semantic Web via Automated Semantic Annotation", *International World Wide Web Conference* (WWW2003), pp.178–186, 2003.

[3] L. McDowell, O. Etzioni, S. Gribble, A. Halevy, H. Levy, W. Pentney, D. Verma, and S. Vlasseva: "Mangrove: Enticing Ordinary People onto the Semantic Web via Instant Gratification", *2nd International Semantic Web Conference* (ISWC-2003), LNCS 2870, pp.754–770, Springer-Verlag, 2003.

[4] K. Kamei, S. Yoshida, K. Kuwabara, J. Akahani, and T. Satoh: "An Agent Framework for Inter-personal Information Sharing with an RDF-based Repository", *2nd International Semantic Web Conference* (ISWC-2003), LNCS 2870, pp.438–452, Springer-Verlag, 2003.

（赤埴 淳一）

第5章

メタデータ記述言語 RDF

前章で述べたとおり,セマンティックウェブの標準化は W3C で進められている.本章では,メタデータの記述言語 RDF の勧告 [1] (http://www.w3c.org/RDF/) に基づいて解説する.

5.1　RDF の概要

RDF は,1999 年に W3C 勧告(2004 年に修正版が勧告)となったメタデータのモデルおよび記述言語である. 2004 年版の勧告 [1] は,以下の六つの文書で構成される.

① RDF Primer —— RDF の概要
② RDF Concepts and Abstract Syntax —— RDF の概念
③ RDF/XML Syntax —— RDF の XML シンタックスを規定
④ RDF Semantics —— RDF の意味論を規定
⑤ RDF Vocabulary Description Language 10: RDF Schema —— RDF の語彙を記述するための RDF スキーマ(RDFS)を規定

⑥ RDF Test Cases —— RDF の処理系開発者向けに，テストケースを列挙

本章では，5.2 節で RDF の概念を紹介し，5.3 節で RDF の XML シンタックスを説明する．さらに 5.4 節で RDF の利用例として RSS について説明する．

5.2　RDF の概念

RDF Concepts and Abstract Syntax では，RDF のキーとなる概念として以下をあげている．

- グラフデータモデル
- URI に基づく語彙
- データ型
- リテラル
- XML による記述
- 単純な事実の記述
- 推論

4.2 節で RDF のグラフデータモデルを直感的に説明したが，本節では標準化文書に従い正確に説明する．4.2 節では，RDF において〈リソース，プロパティ，値〉の三つ組でメタデータを記述すると述べたが，正確には（標準化文書に従えば），RDF は以下の三つ組の集合で記述される．

　　〈主語，述語（プロパティ），目的語〉

例えば，図 4-2 (p.66) において，

- 主語 ——「四季松図」
- 述語（プロパティ）——「作者」
- 目的語 ——「狩野探幽」

から構成される RDF 三つ組〈「四季松図」，「作者」，「狩野探幽」〉は，

- 「四季松図」（主語）は，「狩野探幽」（目的語）を「作者」（述語）とする

5.2 RDF の概念

あるいは，

- 「四季松図」（主語）の「作者」（プロパティ）は，「狩野探幽」（目的語）である

という事実の記述となっている．

図 4-2 で示したように，主語と目的語はグラフのノードとなり，述語はグラフの有向アークとなる．すなわち，RDF データは有向グラフとして表現される．4.2 節では最も単純な例を紹介したが，以下ではより複雑な例で説明する．

例えば，ドキュメント "http://www.w3.org/TR/rdf-syntax-grammar" のタイトルと編集者に関する以下のメタデータの例を考える．

- ドキュメント http://www.w3.org/TR/rdf-syntax-grammar のタイトルは "RDF/XML Syntax Specification (Revised)" である
- ドキュメント http://www.w3.org/TR/rdf-syntax-grammar の編集者の名前は "Dave Beckett" で，そのウェブページは http://purl.org/net/dajobe/ である

これらのメタデータは，図 5-1 の RDF グラフで記述できる．ノードおよびアークは以下のようにラベル付けされる．

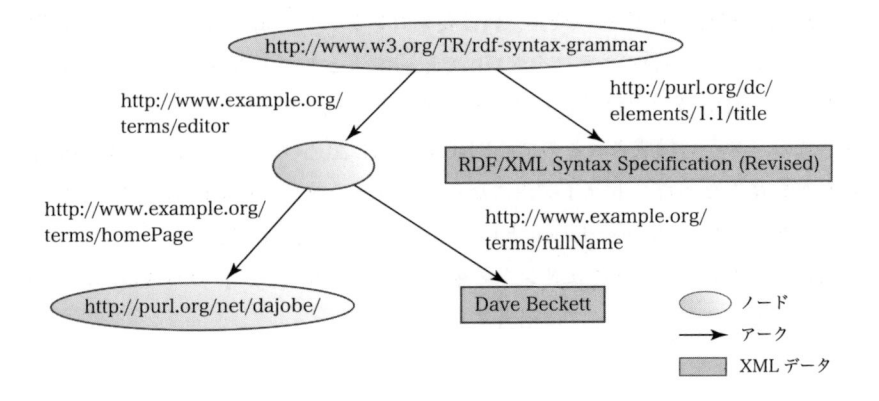

図 5-1 RDF グラフデータモデルの例

- ノード――リソースを示す URI，空白ノード，あるいは XML データ
- アーク――プロパティを示す URI

まずノードから見ていこう．ノードとなるもの（すなわち，主語や目的語になるもの）は大きく二つに分けられる．一つはドキュメントや編集者，ホームページなどの「個体（individual）」であり，もう一つは "Dave Beckett" という「XML データ」である．個体はさらに，URI で特定されるか否かで二分される．例えば，URI で特定される個体とは以下である．

- ドキュメント―― http://www.w3.org/TR/rdf-syntax-grammar
- ホームページ―― http://purl.org/net/dajobe/

上記の例では，編集者は URI で特定されていない．図 5-1 ではラベルが空白となっており，空白ノードと呼ばれる[1]．XML データは，"Dave Beckett" という文字列や数値である．図 5-1 では長方形で示した．

プロパティはすべて URI で特定される．例えば，http://purl.org/dc/elements/1.1/title はダブリンコア・オントロジのタイトルを示す URI である．

5.3 　 RDF の XML 記述

RDF 三つ組を，XML の〈要素，属性要素コンテンツ，属性値〉の三つ組に変換することにより，RDF グラフを XML で記述することができる．図 5-1 からわかるように，RDF グラフは「ノード，アーク，ノード，アーク，…，ノード」という形式のパスから構成されるので，RDF の XML 記述はノード要素とプロパティ要素が交互になったストライプ状になる．通常その並びの初めにあるノードは主語ノードであり，rdf:Description という包含要素で記述される．

例えば，図 5-1 で「ドキュメントの編集者のホームページ」のパスは，以下のノード／アークのストライプに相当する．

---

[1] ここで，URI は ID であり，ネットワーク上のリソースでない（人間である）編集者を URI で特定することも可能なことに注意されたい．

- ノード —— http://www.w3.org/TR/rdf-syntax-grammar
  - アーク —— http://example.org/stuff/1.0/editor
    - ノード ——（空白）
      - アーク —— http://example.org/stuff/1.0/homePage
        - ノード —— http://purl.org/net/dajobe/

ここで，3 番目は空白ノードに対応する．

ノードやアークの URI ラベルは XML 名前空間を使用して XML に書き込まれる．XML 名前空間では，ローカル名という名前空間で認められた要素名と属性名を伴った短い接頭語の名前空間 URI を利用できる．例えば，

xmlns:dc="http://purl.org/dc/elements/1.1/"

という宣言により，http://example.org/stuff/1.0/editor は ex:editor と略記できる．

RDF/XML では，上記のノードとアークの五つの並びは，例1で示している5 XML 要素に相当する．

☐ 例1: ストライプ状の RDF/XML（ノードとアーク）

```
<rdf:Description>
  <ex:editor>
    <rdf:Description>
      <ex:homePage>
        <rdf:Description>
        </rdf:Description>
      </ex:homePage>
    </rdf:Description>
  </ex:editor>
</rdf:Description>
```

URI がわかっていて，記入することができるノードと空白のままにするノードで構成する場合は例2のようになる．

☐ 例2: URI がノードに追加されている場合のストライプ状の RDF/XML

```
<rdf:Description
    rdf:about="http://www.w3.org/TR/rdf-syntax-grammar">
  <ex:editor>
```

```
    <rdf:Description>
      <ex:homePage>
        <rdf:Description
           rdf:about="http://purl.org/net/dajobe/">
        </rdf:Description>
      </ex:homePage>
    </rdf:Description>
  </ex:editor>
</rdf:Description>
```

より簡単に記入することのできる省略形がいくつかある．複数のプロパティと値で同じリソースを同時に記述することで，複数のプロパティと値をもつ複数の子要素を rdf:Description に入れることができる．これらすべては，例 3 で示しているように，ノードのプロパティである（ここでは，上記のグラフにはない dc:format を追加している）．

◻ 例 3: リソースノードへの属性の追加

```
<rdf:Description
    rdf:about="http://www.w3.org/TR/rdf-syntax-grammar">
  <dc:title>RDF/XML Syntax Specification (Revised)<dc:title>
  <dc:format>text/html<dc:format>
    ...
</rdf:Description>
```

プロパティ値が文字列の場合，XML 属性や XML 値，ノード要素の属性としてより簡単に符号化できる．これをプロパティ属性といい，例 4 で示している．

◻ 例 4: 文字列を値としたプロパティの子要素から属性への変換

```
<rdf:Description
    rdf:about="http://www.w3.org/TR/rdf-syntax-grammar"
    dc:title="RDF/XML Syntax Specification (Revised)"
    dc:format="text/html">
      ...
</rdf:Description>
```

一般的な使用をもう一つあげると，ノードが rdf:type 関係をもつクラスのイン

スタンスの場合の typed ノードがある．例 5（上記とは異なるグラフを使用している）のように，rdf:type プロパティと値を削除し，rdf:Description 要素名を type 関係の値の URI に相当する名前空間の要素に置き換えることで，この省略表現を作成することができる．

◻ 例 5: rdf:type プロパティの typed ノードでの置き換え

```
<rdf:Description rdf:about="http://example.org/thing">
  <rdf:type
    rdf:resource="http://example.org/stuff/1.0/document"/ >
    ...
</rdf:Description>

<ex:document rdf:about="http://example.org/thing">
    ...
</ex:document>
```

上記では，RDF/XML シンタックスの基礎を形成しているが，RDF リストプロパティの作成や空白の要素ノードの書き込みの省略などを含む省略形など，ここで述べていないものもある．後者はストライプ状を壊してしまうが，ユーザにとっては，複数の値をもつプロパティを符号化するのに便利である．

上記の例は，例 6 の省略形をいくつか使用して，記入／完成する．

◻ 例 6: RDF/XML の完全な例

```
<?xml version="1.0"?>
<rdf:RDF
    xmlns:rdf="http://www.w3.org/1999/02/22-rdf-syntax-ns#"
    xmlns:dc="http://purl.org/dc/elements/1.1/"
    xmlns:ex="http://example.org/stuff/1.0/">
  <rdf:Description
      rdf:about="http://www.w3.org/TR/rdf-syntax-grammar">
    <dc:title>RDF/XML Syntax Specification (Revised)</dc:title>
    <ex:editor rdf:parseType="Resource">
      <ex:fullName>Dave Beckett</ex:fullName>
      <ex:homePage rdf:resource="http://purl.org/net/dajobe/" />
    </ex:editor>
  </rdf:Description>
</rdf:RDF>
```

5.4　RDFの利用例：RSS

RDFの利用例として最も普及しているのは，RSSである．本節では，RSS1.0をRDFの観点から解説する．

RSSはウェブサイトの概要を表すために考案されたものであり，最近ではブログの更新情報を表すのによく用いられている．RSSの主要な構成要素は以下の二つである．

- channel —— ブログでは，RSSファイルに対応する
- item —— ブログでは，各エントリに対応する

例えば，図5-2のようなブログサイトを考える．このブログサイトには，二つのエントリがあり，RSSファイルが付随している．この場合，上記の構成要素は以下のようになる．

- channel —— RSSファイル「http://example.com/blog/index.rdf」
- item —— 二つのエントリ「http://example.com/blog/entry1」と「http://example.com/blog/entry2」

図5-3にRSSの記述例を示し，図5-4にそのRDFグラフ表示を示す．ブログサ

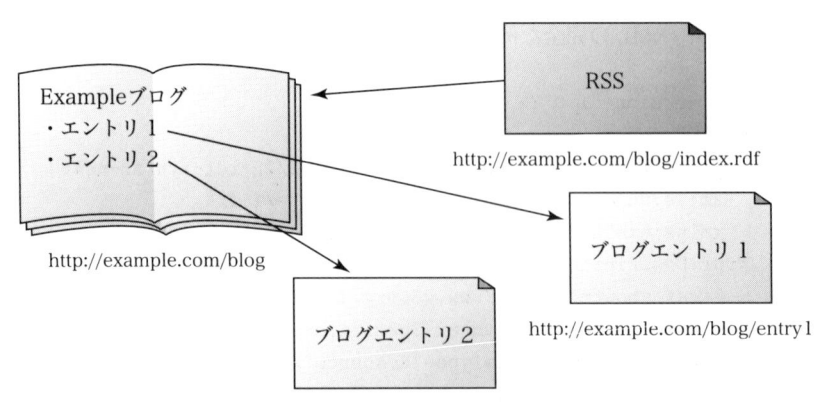

図5-2　ブログサイトの例

```
<?xml version="1.0" encoding="utf-8" ?>
<rdf:RDF
    xmlns="http://purl.org/rss/1.0/"
    xmlns:rdf="http://www.w3.org/1999/02/22-rdf-syntax-ns#"
    xmlns:dc="http://purl.org/dc/elements/1.1/"
    xml:lang="ja">
  <channel rdf:about="http://example.com/blog/index.rdf">
    <title>Example ブログ</title>
    <link>http://example.com/blog</link>
    <description>セマンティックウェブについて</description>
    <dc:language>ja-jp</dc:language>
    <items>
      <rdf:Seq>
        <rdf:li rdf:resource="http://example.com/blog/entry1"/>
        <rdf:li rdf:resource="http://example.com/blog/entry2"/>
      </rdf:Seq>
    </items>
  </channel>
  <item rdf:about="http://example.com/blog/entry1">
    <title>ブログエントリ 1</title>
    <link>http://example.com/blog/entry1</link>
    <description>RDF について</description>
    <dc:subject>セマンティックウェブ</dc:subject>
    <dc:creator>akahani</dc:creator>
    <dc:date>2005-04-01T09:30:00+09:00</dc:date>
  </item>
  <item rdf:about="http://example.com/blog/entry2">
    <title>ブログエントリ 2</title>
    <link>http://example.com/blog/entry2</link>
    <description>OWL について</description>
    <dc:subject>セマンティックウェブ</dc:subject>
    <dc:creator>akahani</dc:creator>
    <dc:date>2005-04-04T14:45:00+09:00</dc:date>
  </item>
</rdf:RDF>
```

channel 要素

item 要素

item 要素

図 5-3　RSS の記述例

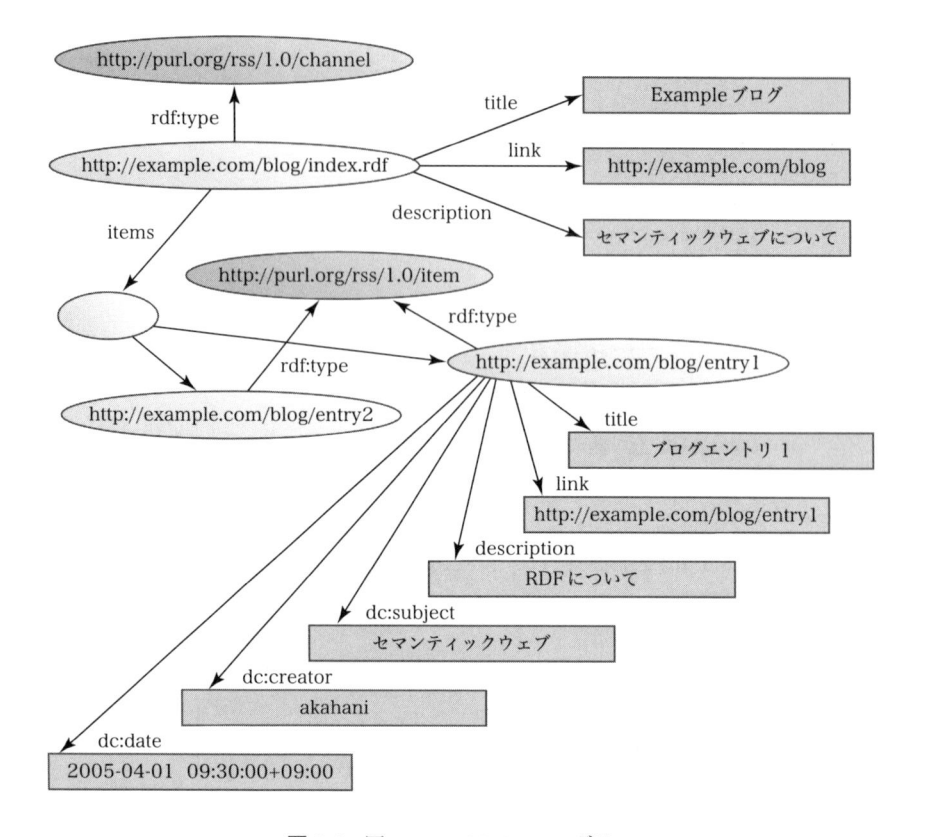

図 5-4　図 5-3 の RSS の RDF グラフ

イトに関するメタデータは channel 要素のプロパティとその値により記述される．channel 要素の主要なプロパティは以下のとおりである．

- title —— ブログのタイトル．例では「Example ブログ」
- link —— ブログの URL．例では「http://example.com/blog」
- description —— ブログの概要．例では「セマンティックウェブについて」
- items —— ブログの各エントリ．例では上記の二つのエントリ

各エントリに関するメタデータは item 要素のプロパティとその値により記述される．item 要素の主要なプロパティは以下のとおりである．この例では，ダブリンコアのメタデータを利用し，このエントリの主題，作成者，作成日がメタデー

タとして付与されている．

- title —— エントリのタイトル．例では「ブログエントリ 1」
- link —— エントリの URL．例では「http://example.com/blog/entry1」
- description —— ブログの概要．例では「RDF について」
- items —— ブログの各エントリ．例では上記の二つのエントリ
- dc:subject —— ブログの主題．例では「セマンティックウェブ」
- dc:creator —— ブログの作成者．例では「akahani」
- dc:date —— ブログの作成日．例では「2005-04-01 09:30:00+09:00」

ブログを読むために利用される RSS リーダでは，このメタデータを活用することにより，ブログのエントリを作成者で分類したり，作成日順にソートすることが可能となっている．従来の HTML 文書だけでは困難であったより高度な処理が，RSS というメタデータを利用することにより可能となったと言える．

参考文献

[1] W3C 勧告 RDF（http://www.w3c.org/RDF/）．

（赤埴 淳一）

第6章

オントロジ記述言語 OWL

　前章で紹介した RDF と同様に，オントロジ記述言語も W3C で進められている．本章では，オントロジ記述言語 OWL について，勧告 [1]（http://www.w3c.org/2004/OWL/）に基づいて解説する．

6.1　OWLの概要

　OWL は 2004 年に W3C 勧告となったオントロジ記述言語である．さまざまな開発者コミュニティやユーザが使用できるように，三つのサブ言語が提供されている．OWL Lite, OWL DL, OWL Full の順で表現力が向上し，それに応じて計算処理量も増大する．

　　OWL Lite　主として分類階層やシンプルな制約を必要としているユーザ向けの言語である．OWL Lite は例えばカーディナリティ制約[1]をサポートしているが，カーディナリティの値は 0 または 1 のみが許

---

[1]. プロパティの値の個数の制限．

されている．OWL DL や OWL Full よりも，推論エンジンなどのツールのサポートがより簡単に実現でき，シソーラスやその他の分類法から OWL Lite への変換は容易である．

OWL DL　計算能力の完全性（すべての結論が計算されることが保証される）や，決定可能性（すべての計算が限られた時間内に終了する）を保持しつつ，最大限の表現力を要求するユーザ向けの言語である．OWL DL は，タイプ分離（クラスは個体あるいはプロパティではあり得ず，プロパティは個体あるいはクラスではあり得ない）という制限付きで，OWL の言語の構成要素をすべて含んでいる．OWL DL という名前は，記述論理（description logics，一階述語論理の特定の決定可能なフラグメントを研究している研究分野）に由来する．

OWL Full　計算可能性は必要としないが表現力を最大限利用したいユーザ向けの言語である．OWL Full ではタイプ分離という制限がない．例えば，OWL Full では，クラスのクラスを定義することができ，メタモデリングの記述が可能である．OWL Full のすべての機能に対して推論をサポートするのは困難である．

これらのサブ言語は，表現能力および推論能力の両方において，よりシンプルな言語を拡張したものである．すなわち，下記の一連の関係は成り立ち，その逆は成り立たない．

- すべての正当な OWL Lite オントロジは，正当な OWL DL オントロジである
- すべての正当な OWL DL オントロジは，正当な OWL Full オントロジである
- すべての有効な OWL Lite の結論は，有効な OWL DL の結論である
- すべての有効な OWL DL の結論は，有効な OWL Full の結論である

本章では，6.2 節でクラス記述，6.3 節でプロパティ記述について紹介し，6.4 節でオントロジ・マッピングについて述べる．

6.2 クラス記述

6.2.1 基礎クラスと個体

OWL オントロジの主要な要素は，クラス，プロパティ，クラスのインスタンス，およびこれらの間の関係の記述である．本項では，クラスとインスタンスの記述方法を紹介する．

クラス間の階層関係は，rdfs:subClassOf で記述される．これは，より特定的なクラスを，より一般的なクラスに関連付ける．X が Y のサブクラスならば，X のすべてのインスタンスは Y のインスタンスでもある．rdfs:subClassOf 関係は推移的である．X が Y のサブクラスであり，Y が Z のサブクラスであれば，X は Z のサブクラスである．

例えば，PotableLiquid（飲用に適した液体）を，ConsumableThing（消費可能物）のサブクラスとして，以下のように定義する．

```
<owl:Class rdf:ID="PotableLiquid">
  <rdfs:subClassOf rdf:resource="#ConsumableThing" />
    ...
</owl:Class>
```

さらにワインを PotableLiquid のサブクラスとして定義する．サブクラス関係は推移的なので，ワインは，ConsumableThing のサブクラスである．さらに，パスタも EdibleThing のサブクラスとして定義する．

```
<owl:Class rdf:ID="Wine">
  <rdfs:subClassOf rdf:resource="&food;PotableLiquid"/>
    ...
</owl:Class>

<owl:Class rdf:ID="Pasta">
  <rdfs:subClassOf rdf:resource="#EdibleThing" />
    ...
</owl:Class>
```

クラスに加えて，それらのメンバーについての記述できることが望まれる．個体は，あるクラスのメンバーであると宣言することにより導入される．

```
<Region rdf:ID="CentralCoastRegion" />
```

下記が，上記の例と同じことを意味することに注意されたい．

```
<owl:Thing rdf:ID="CentralCoastRegion" />

<owl:Thing rdf:about="#CentralCoastRegion">
  <rdf:type rdf:resource="#Region"/>
</owl:Thing>
```

rdf:type は，そのメンバーであるクラスに個体を結び付ける RDF プロパティである．

次の項で導入されているプロパティに対していくつかのクラスを利用できるようにするために，カベルネ・ソーヴィニヨンのブドウの品種を表す個体を，ブドウのメンバーとして定義する．ブドウが食品オントロジで定義されているとする．

```
<owl:Class rdf:ID="Grape">
    ...
</owl:Class>
```

個体 CabernetSauvignonGrape はブドウの一つの品種として以下で定義される．

```
<owl:Class rdf:ID="WineGrape">
  <rdfs:subClassOf rdf:resource="&food;Grape" />
</owl:Class>

<WineGrape rdf:ID="CabernetSauvignonGrape" />
```

6.2.2 プロパティ制約によるクラス記述

プロパティの値域をさまざまな方法で制約することにより，クラスを定義することができる．これをプロパティ制約と呼ぶ．下記のさまざまな形式は，owl:Restriction の文脈中でのみ使用することができる．owl:onProperty 要素は，制約されたプロパティを示す．

(1) allValuesFrom, someValuesFrom

owl:allValuesFrom 制約は，指定されたクラスのすべてのインスタンスに対し，プロパティの値がすべて owl:allValuesFrom 節によって示されたクラスのメンバーであることを要求する．

```
<owl:Class rdf:ID="Wine">
  <rdfs:subClassOf rdf:resource="&food;PotableLiquid" />
  ...
  <rdfs:subClassOf>
    <owl:Restriction>
      <owl:onProperty rdf:resource="#hasMaker" />
      <owl:allValuesFrom rdf:resource="#Winery" />
    </owl:Restriction>
  </rdfs:subClassOf>
  ...
</owl:Class>
```

この定義は，ワインの生産者がワイナリーのみであることを意味する．allValuesFrom 制約は，このワインクラスの生産者をもつプロパティのみに働く．チーズの生産者は，このローカルな制約によって制限されない．

また，owl:someValuesFrom も同様である．上例において owl:allValuesFrom を owl:someValuesFrom に入れ替えた場合，ワインの生産者の少なくとも一つがワイナリーであることを意味する．

```
<owl:Class rdf:ID="Wine">
  <rdfs:subClassOf rdf:resource="&food;PotableLiquid" />
  <rdfs:subClassOf>
    <owl:Restriction>
      <owl:onProperty rdf:resource="#hasMaker" />
      <owl:someValuesFrom rdf:resource="#Winery" />
    </owl:Restriction>
  </rdfs:subClassOf>
  ...
</owl:Class>
```

二つの式の違いは，全称量化（universal）か特称量化（existential）かの違いである．

allValuesFrom	すべてのワインに対し，それらが生産者をもっている場合，その生産者はすべてワイナリーである
someValuesFrom	すべてのワインに対し，ワイナリーである少なくとも一つの生産者をもっている

前者は，ワインが生産者をもつことを要求しない．一つ以上の生産者をもっている場合，それらはすべてワイナリーでなければならない．後者は，少なくとも一つの生産者がワイナリーであることを要求するが，ワイナリーでない生産者があることもありうる．

(2) カーディナリティ

プロパティの値の個数を制限することにより，クラスを定義することができる．これをカーディナリティと呼ぶ．owl:cardinality で，プロパティの値の個数を厳密に指定できる．例えば，きっかり一つのヴィンテージ・イヤーをもつクラスであるヴィンテージを指定する．

```
<owl:Class rdf:ID="Vintage">
  <rdfs:subClassOf>
    <owl:Restriction>
      <owl:onProperty rdf:resource="#hasVintageYear"/>
      <owl:cardinality rdf:datatype="&xsd;nonNegativeInteger">1
      </owl:cardinality>
    </owl:Restriction>
  </rdfs:subClassOf>
</owl:Class>
```

OWL Lite では，カーディナリティの値として，0 または 1 しか許されていない．これにより，ユーザが「少なくとも一つ」「高々一つ」および「きっかり一つ」を示すことが可能になる．OWL DL では，0 または 1 以外の自然数の値が許されている．owl:maxCardinality は上限を指定するために使用できる．owl:minCardinality は下限を指定するために使用できる．この二つを組み合わせて，プロパティのカーディナリティを，ある数の範囲に制限するために使用できる．

(3) hasValue

特定のプロパティ値の存在に基づいたクラスを hasValue により指定することが可能になる．すなわち，そのプロパティ値の少なくとも一つが hasValue の値と等価である場合，個体は必ずそのようなクラスのメンバーとなる．

```
<owl:Class rdf:ID="Burgundy">
    ...
  <rdfs:subClassOf>
    <owl:Restriction>
      <owl:onProperty rdf:resource="#hasSugar" />
      <owl:hasValue rdf:resource="#Dry" />
    </owl:Restriction>
  </rdfs:subClassOf>
</owl:Class>
```

ここでは，ブルゴーニュのワインがすべて辛口（dry）であると宣言している．つまり，それらの糖分がある（hasSugar）プロパティは，辛口と等価の値をもっていなければならない．

6.2.3 複合クラス

OWL はクラスを形成するためのコンストラクタを提供する．これらのコンストラクタは，いわゆるクラス式を作成するために使用することができる．OWL は基礎的な集合演算子，すなわち和集合，積集合，補集合を提供する．これらは，それぞれ owl:unionOf, owl:intersectionOf, および owl:complementOf と呼ばれる．さらに，個体を列挙することにより，クラスを定義できる．クラスの外延は，oneOf コンストラクタによって言明することができる．また，クラスの外延が素でなければならないと言明することも可能である．

すべての中間クラスの名前の生成せずに，クラス式を入れ子にすることができる．これによって，匿名クラスや値に制限があるクラスから複合クラスを構築するために，集合演算子を使用することが可能になる．

(1) 集合演算子 (intersectionOf, unionOf, complementOf)

OWL クラス式が，クラスのメンバーである個体から構成される集合であることを覚えておいてほしい．OWL は，基礎的な集合演算子を使用してクラスの外延を操作する手段を提供する．

以下は，intersectionOf 構成要素の使用例を示したものである．

```
<owl:Class rdf:ID="WhiteWine">
  <owl:intersectionOf rdf:parsetype="Collection">
    <owl:Class rdf:about="#Wine" />
    <owl:Restriction>
      <owl:onProperty rdf:resource="#hasColor" />
      <owl:hasValue rdf:resource="#White" />
    </owl:Restriction>
  </owl:intersectionOf>
</owl:Class>
```

集合演算子を使用して構築されたクラスは，今まで見てきたものと比べ，より定義らしいものである．クラスのメンバーは，集合演算子によって完全に指定される．上記は，白ワイン（WhiteWine）が厳密にワインと白色の事物との集合の積集合であると述べている．これは，あるものが白色かつワインであるならば，それは白ワインのインスタンスであることを意味する．そのような定義がなければ，白ワインがワインかつ白色であることを知ることはできるが，その逆を知ることはできない．これは，個体を分類するための重要なツールである（rdf:parsetype="Collection" が必須の構文要素であることに注意されたい）．

```
<owl:Class rdf:about="#Burgundy">
  <owl:intersectionOf rdf:parsetype="Collection">
    <owl:Class rdf:about="#Wine" />
    <owl:Restriction>
      <owl:onProperty rdf:resource="#locatedIn" />
      <owl:hasValue rdf:resource="#BourgogneRegion" />
    </owl:Restriction>
  </owl:intersectionOf>
</owl:Class>
```

ここでは，バーガンディ（Burgundy）を，ブルゴーニュ（Bourgogne）地域と少

なくとも一つの locatedIn 関係をもっているワインを含むと定義する．新しいクラス ThingsFromBourgogneRegion を宣言し，owl:intersectionOf 構成要素の中でそれをクラスとして使用することができる．ThingsFromBourgogneRegion はほかでは使用しないため，上記の宣言のほうがより短く，明瞭で，不自然な名前の生成を要しない．

```
<owl:Class rdf:ID="WhiteBurgundy">
  <owl:intersectionOf rdf:parsetype="Collection">
    <owl:Class rdf:about="#Burgundy" />
    <owl:Class rdf:about="#WhiteWine" />
  </owl:intersectionOf>
</owl:Class>
```

最後に，クラス WhiteBurgundy は，厳密に白ワインとバーガンディの積集合である．バーガンディも，やはりフランスのブルゴーニュ地域で育った辛口ワインである．したがって，これらの基準を満たす個体のワインはすべて WhiteBurgundy のクラス外延の一部である．

(2) 和集合

以下は unionOf 構成要素の使用例である．これは，intersectionOf 構成要素とまったく同じように記述される．

```
<owl:Class rdf:ID="Fruit">
  <owl:unionOf rdf:parsetype="Collection">
    <owl:Class rdf:about="#SweetFruit" />
    <owl:Class rdf:about="#NonSweetFruit" />
  </owl:unionOf>
</owl:Class>
```

クラス果物（Fruit）は，甘い果物（SweetFruit）の外延および甘くない果物（NonSweetFruit）の外延の両方を含んでいる．この和集合型構成要素が，いかに以下とまったく異なっているかに注意されたい．

```
<owl:Class rdf:ID="Fruit">
  <rdfs:subClassOf rdf:resource="#SweetFruit" />
  <rdfs:subClassOf rdf:resource="#NonSweetFruit" />
</owl:Class>
```

これは，果物のインスタンスが甘い果物と甘くない果物との積集合の部分集合，すなわち空集合であるという言明である．

(3) 補集合

complementOf 構成要素は，あるクラスに属さない個体すべてから構成されるクラスを定義する．通常，これは個体の非常に大きな集合を表すことになる．

```
<owl:Class rdf:ID="ConsumableThing" />

<owl:Class rdf:ID="NonConsumableThing">
  <owl:complementOf rdf:resource="#ConsumableThing" />
</owl:Class>
```

非消費可能物（NonConsumableThing）のクラスは，消費可能物の外延に属さないすべての個体をメンバーとして含む．この集合はワイン，地域などをすべて含んでいる．これはすなわち owl:Thing と消耗品間の差集合である．したがって，complementOf の典型的な使用パターンは，他の集合演算子との組み合わせとなる．

```
<owl:Class rdf:ID="NonFrenchWine">
  <owl:intersectionOf rdf:parsetype="Collection">
    <owl:Class rdf:about="#Wine"/>
    <owl:Class>
      <owl:complementOf>
        <owl:Restriction>
          <owl:onProperty rdf:resource="#locatedIn" />
          <owl:hasValue rdf:resource="#FrenchRegion" />
        </owl:Restriction>
      </owl:complementOf>
    </owl:Class>
  </owl:intersectionOf>
</owl:Class>
```

これは，ワインとフランスに位置していないすべての事物の集合との積集合として，クラスフランス産でないワイン（NonFrenchWine）を定義する．

(4) 列挙型クラス（oneOf [OWL DL]）

OWL は，そのメンバーを直接列挙することによりクラスを指定する手段を提供する．これは oneOf 構築要素を使用して定義される．特に，この定義はクラスの外延を完全に指定し，その結果，他の個体がクラスに属すると宣言することが不可能になる．

以下は，白，ロゼおよび赤をメンバーとするワインの色を定義する．

```
<owl:Class rdf:ID="WineColor">
  <rdfs:subClassOf rdf:resource="#WineDescriptor"/>
  <owl:oneOf rdf:parsetype="Collection">
    <owl:Thing rdf:about="#White"/>
    <owl:Thing rdf:about="#Rose"/>
    <owl:Thing rdf:about="#Red"/>
  </owl:oneOf>
</owl:Class>
```

ここで最初にわかることは，クラスが列挙によって定義されたため，他の個体が正当なワインの色ではあり得ないということである．

oneOf 構成要素の各要素は，正当に宣言された個体でなければならない．個体は，いずれかのクラスに属さなければならない．上例では，それぞれの個体は名前によって参照されている．参照を導入するための簡単な表現として owl:Thing を使用した．また，あるいは以下のようにして，それらの特定のタイプ，ワインの色に従って集合の要素を参照することができる．

```
<owl:Class rdf:ID="WineColor">
  <rdfs:subClassOf rdf:resource="#WineDescriptor"/>
  <owl:oneOf rdf:parsetype="Collection">
    <WineColor rdf:about="#White" />
    <WineColor rdf:about="#Rose" />
    <WineColor rdf:about="#Red" />
  </owl:oneOf>
</owl:Class>
```

一方で，より複雑な個体の記述は，正当な oneOf 構成要素の要素でもある．例えば，以下のとおりである．

```
<WineColor rdf:about="#White">
  <rdfs:label>White</rdfs:label>
</WineColor>
```

(5) 素のクラス（disjointWith [OWL DL]）

1組のクラスが素であることは，owl:disjointWith 構成要素を使用して記述することができる．これは，一つのクラスのメンバーである個体が，指定された他のクラスのインスタンスに，同時にはなり得ないことを意味する．

```
<owl:Class rdf:ID="Pasta">
  <rdfs:subClassOf rdf:resource="#EdibleThing"/>
  <owl:disjointWith rdf:resource="#Meat"/>
  <owl:disjointWith rdf:resource="#Fowl"/>
  <owl:disjointWith rdf:resource="#Seafood"/>
  <owl:disjointWith rdf:resource="#Dessert"/>
  <owl:disjointWith rdf:resource="#Fruit"/>
</owl:Class>
```

パスタ（Pasta）の例は，多重な素のクラスを示すものである．これは，パスタがこれらの他のクラスのすべてと素の関係であると言明するだけだということに注意されたい．これは，例えば，肉（Meat）と果物が素であるとは言明しない．1組のクラスが互いに素であると言明するためには，すべてのペアに対して owl:disjointWith 言明がなければならない．

一般に要求されることは，クラスを互いに素であるサブクラスの集合の和集合として定義することである．

```
<owl:Class rdf:ID="SweetFruit">
  <rdfs:subClassOf rdf:resource="#EdibleThing" />
</owl:Class>

<owl:Class rdf:ID="NonSweetFruit">
  <rdfs:subClassOf rdf:resource="#EdibleThing" />
  <owl:disjointWith rdf:resource="#SweetFruit" />
</owl:Class>

<owl:Class rdf:ID="Fruit">
```

```
  <owl:unionOf rdf:parsetype="Collection">
    <owl:Class rdf:about="#SweetFruit" />
    <owl:Class rdf:about="#NonSweetFruit" />
  </owl:unionOf>
</owl:Class>
```

6.3 プロパティ記述

6.3.1 プロパティの定義

プロパティは 2 項関係であり，二つの種類のプロパティを区別する．

- データ型プロパティ（クラスのインスタンス，RDF リテラル，および XML スキーマ・データ型の間の関係）
- オブジェクト・プロパティ（二つのクラスのインスタンス間の関係）

プロパティを定義する場合に，関係を制約する方法は多くある．まず，定義域と値域を指定することができる．

```
<owl:ObjectProperty rdf:ID="madeFromGrape">
  <rdfs:domain rdf:resource="#Wine"/>
  <rdfs:range rdf:resource="#WineGrape"/>
</owl:ObjectProperty>

<owl:ObjectProperty rdf:ID="course">
  <rdfs:domain rdf:resource="#Meal" />
  <rdfs:range rdf:resource="#MealCourse" />
</owl:ObjectProperty>
```

OWL では，明示的な演算子をもたない要素の列は，暗黙の論理積を表す．プロパティ madeFromGrape の定義域はワインで，値域はワイン用のブドウであることを宣言している．すなわち，ワインのインスタンスを，ワイン用のブドウのインスタンスに関連付ける．複数の定義域は，プロパティの定義域が指定されたクラスの積集合であることを意味する．

同様に，コース (course) プロパティは，食事 (Meal) を食事のコース (MealCourse) に結合させる．

OWL の中の値域および定義域の使用がプログラミング言語のタイプ情報とは異なることに注意されたい．特に，タイプはプログラミング言語の一貫性をチェックするために使用される．OWL では，タイプを推論するために値域を使用することができる．例えば，下記の記述がある場合，madeFromGrape の定義域がワインであるため，LindemansBin65Chardonnay がワインであると推論することができる．

```
<owl:Thing rdf:ID="LindemansBin65Chardonnay">
  <madeFromGrape rdf:resource="#ChardonnayGrape" />
</owl:Thing>
```

プロパティは，クラスのように，階層的に配置することができる．

```
<owl:Class rdf:ID="WineDescriptor" />

<owl:Class rdf:ID="WineColor">
  <rdfs:subClassOf rdf:resource="#WineDescriptor" />
    ...
</owl:Class>

<owl:ObjectProperty rdf:ID="hasWineDescriptor">
  <rdfs:domain rdf:resource="#Wine" />
  <rdfs:range  rdf:resource="#WineDescriptor" />
</owl:ObjectProperty>

<owl:ObjectProperty rdf:ID="hasColor">
  <rdfs:subPropertyOf rdf:resource="#hasWineDescriptor" />
  <rdfs:range rdf:resource="#WineColor" />
    ...
</owl:ObjectProperty>
```

ワイン記述子 (WineDescriptor) プロパティはワインを，甘味，こく，風味を含むそれらの色と味の要素に関連付ける．色をもつ (hasColor) は，その値域をさらにワインの色 (WineColor) に制限したワイン記述子をもつ (hasWineDescriptor) プロパティのサブプロパティである．rdfs:subPropertyOf は，値 X をもつ色をもつプロパティをもつあらゆるものは，値 X をもつワイン記述子をもつプロパティ

ももっている，ということを意味する．

次に，事物をそれらが位置する地域へ関連付ける locatedIn プロパティを導入する．

```
<owl:ObjectProperty rdf:ID="locatedIn">
    ...
  <rdfs:domain rdf:resource="http://www.w3.org/2002/07/owl#Thing"/>
  <rdfs:range rdf:resource="#Region" />
</owl:ObjectProperty>
```

locatedIn の定義域および値域がどのように定義されるかに注意されたい．定義域は，地域自身を含むあらゆるものが地域に位置できることを表す．また，locatedIn が推移的な場合は，地理的に含まれるサブ地域と事物のネットワークを作成する．他のものを含んでいる事物は地域でなければならないが，自身の中に何も位置するものがない事物は任意のクラスでもよい．

これで，ワインが少なくとも一つのワイン用のブドウで作られているという概念を含めるように，ワインの定義を拡張することができるようになった．

```
<owl:Class rdf:ID="Wine">
  <rdfs:subClassOf rdf:resource="&food;PotableLiquid"/>
  <rdfs:subClassOf>
    <owl:Restriction>
      <owl:onProperty rdf:resource="#madeFromGrape"/>
      <owl:minCardinality rdf:datatype="&xsd;nonNegativeInteger">1
      </owl:minCardinality>
    </owl:Restriction>
  </rdfs:subClassOf>
    ...
</owl:Class>
```

上記で濃い網がかかっている部分のサブクラス制限は，少なくとも一つの madeFromGrape プロパティをもつ事物の集合を表す，名前のないクラスを定義する．これらを匿名クラスと呼ぶ．ワインクラス定義の本体にこの制限を含むことにより，ワインである事物もこの匿名のクラスのメンバーであるということを言明する．すなわち，すべてのワインは，少なくとも一つの madeFromGrape プロパ

ティに関与していなければならない．

これで，以前に議論したヴィンテージのクラスについて記述することができるようになった．

```
<owl:Class rdf:ID="Vintage">
  <rdfs:subClassOf>
    <owl:Restriction>
      <owl:onProperty rdf:resource="#vintageOf"/>
      <owl:minCardinality rdf:datatype="&xsd;nonNegativeInteger">1
      </owl:minCardinality>
    </owl:Restriction>
  </rdfs:subClassOf>
</owl:Class>
```

プロパティ vintageOf は，ヴィンテージをワインに結び付ける．

```
<owl:ObjectProperty rdf:ID="vintageOf">
  <rdfs:domain rdf:resource="#Vintage" />
  <rdfs:range  rdf:resource="#Wine" />
</owl:ObjectProperty>
```

個体を個体（オブジェクト・プロパティ）に関連付けるか，個体をデータ型（データ型プロパティ）に関連付けるかによってプロパティを区別する．

```
<owl:DatatypeProperty rdf:ID="yearValue">
  <rdfs:domain rdf:resource="#VintageYear" />
  <rdfs:range  rdf:resource="&xsd;positiveInteger"/>
</owl:DatatypeProperty>
```

yearValue プロパティは，ヴィンテージ・イヤー（VintageYear）を自然数の値に関連付ける．以下で，ヴィンテージをヴィンテージ・イヤーに関連付けるヴィンテージ・イヤーをもつ（hasVintageYear）プロパティを導入する．

6.3.2 プロパティ特性

次のいくつかの項では，さらにプロパティを指定するためのメカニズムについて説明する．プロパティの特性を指定することにより，プロパティの拡張された推論を行うための強力なメカニズムが提供される．

(1) TransitiveProperty

プロパティ P が推移的であると指定されれば，任意の x, y および z は以下を満たす．

$P(x,y)$ and $P(y,z)$ implies $P(x,z)$

以下は，プロパティ locatedIn が推移的であると指定している．

```
<owl:ObjectProperty rdf:ID="locatedIn">
  <rdf:type rdf:resource="&owl;TransitiveProperty" />
  <rdfs:domain rdf:resource="&owl;Thing" />
  <rdfs:range rdf:resource="#Region" />
</owl:ObjectProperty>

<Region rdf:ID="SantaCruzMountainsRegion">
  <locatedIn rdf:resource="#CaliforniaRegion" />
</Region>

<Region rdf:ID="CaliforniaRegion">
  <locatedIn rdf:resource="#USRegion" />
</Region>
```

locatedIn は推移的である．サンタ・クルーズ・マウンテン地域 (SantaCruzMountainsRegion) はカリフォルニア地域 (CaliforniaRegion) に位置している (locatedIn) ので，米国地域 (USRegion) にも位置していることが推論できる．

(2) SymmetricProperty

プロパティ P が対称的であると指定されれば，任意の x および y は以下を満たす．

$P(x,y)$ iff $P(y,x)$
（A iff B は「A ならば B」かつ「B ならば A」を意味する）

プロパティ近接地域（adjacentRegion）は対称的であるが，locatedIn はそうではない．より正確に言えば，locatedIn は対称的であるように意図されていない．

```
<owl:ObjectProperty rdf:ID="adjacentRegion">
  <rdf:type rdf:resource="&owl;SymmetricProperty" />
  <rdfs:domain rdf:resource="#Region" />
```

```
    <rdfs:range rdf:resource="#Region" />
</owl:ObjectProperty>

<Region rdf:ID="MendocinoRegion">
    <locatedIn rdf:resource="#CaliforniaRegion" />
    <adjacentRegion rdf:resource="#SonomaRegion" />
</Region>
```

メンドシノ地域（MendocinoRegion）はソノマ地域（SonomaRegion）に隣接しており，その逆もまた同様である．メンドシノ地域はカリフォルニア地域に位置しているが，その逆は成り立たない．

(3) FunctionalProperty

プロパティPが関数型であると指定されれば，任意のx, yおよびzは以下を満たす．

$$P(x,y) \text{ and } P(x,z) \text{ implies } y = z$$

ワイン・オントロジでは，「ヴィンテージ・イヤーをもつ」というプロパティが関数型である．一つのワインは，たった一つのヴィンテージ・イヤーをもっている．すなわち，与えられた個体ヴィンテージは，ヴィンテージ・イヤーをもつプロパティを使用して一つの年にのみ関連付けることができる．定義域のすべての要素が値をもつことは，owl:FunctionalProperty の要件ではない．

```
<owl:Class rdf:ID="VintageYear" />

<owl:ObjectProperty rdf:ID="hasVintageYear">
    <rdf:type rdf:resource="&owl;FunctionalProperty" />
    <rdfs:domain rdf:resource="#Vintage" />
    <rdfs:range  rdf:resource="#VintageYear" />
</owl:ObjectProperty>
```

(4) inverseOf

プロパティP_1が，P_2のowl:inverseOfであると指定されれば，すべてのxおよびyは以下を満たす．

$$P_1(x,y) \text{ iff } P_2(y,x)$$

owl:inverseOf の構文は，プロパティ名を引数としてとることに注意されたい．

```
<owl:ObjectProperty rdf:ID="hasMaker">
  <rdf:type rdf:resource="&owl;FunctionalProperty" />
</owl:ObjectProperty>

<owl:ObjectProperty rdf:ID="producesWine">
  <owl:inverseOf rdf:resource="#hasMaker" />
</owl:ObjectProperty>
```

「ワインを製造する（producesWine）」というプロパティは，「生産者をもつ（hasMaker）」というプロパティの逆と指定されている．

(5) InverseFunctionalProperty

プロパティ P が，逆関数型（InverseFunctional）であると指定されれば，すべての x, y および z は以下を満たす．

$P(y, x)$ and $P(z, x)$ implies $y = z$

前項のワインを製造する（producesWine）というプロパティが逆関数型であることに注意されたい．その理由は，関数型プロパティの逆は逆関数型でなければならないからである．生産者をもつ（hasMaker）というプロパティとワインを製造するというプロパティは以下のように定義することができ，前例と同一の効果を得ることができる．

```
<owl:ObjectProperty rdf:ID="hasMaker" />

<owl:ObjectProperty rdf:ID="producesWine">
  <rdf:type rdf:resource="&owl;InverseFunctionalProperty" />
  <owl:inverseOf rdf:resource="#hasMaker" />
</owl:ObjectProperty>
```

逆関数型プロパティの値域の要素は，データベース的な意味でユニークなキーを定義付けるものである．owl:InverseFunctional は，値域の要素が定義域の各要素に対してユニークな識別子を提供することを意味する．

OWL Full では，inverseFunctional として DatatypeProperty をタグ付けすることができる．これによって一つの文字列がユニークなキーであると識別することが可能になる．OWL DL では，リテラルは owl:Thing と素の関係にあり，これが，

なぜ OWL DL では InverseFunctional が DatatypeProperty に適用することが不可能であるかの理由である．

6.4 オントロジ・マッピング

オントロジが効果を発揮するためには，広く共有される必要がある．オントロジを開発する際の知的努力を最小限にするために，オントロジを再利用する必要がある．例えば，ある情報源から日付のオントロジを採用し，別の情報源から物理的な位置のオントロジを採用して，位置の概念を時間軸を含むように拡張することが考えられる．

オントロジを開発する際，適用範囲が最大になるようにクラスとプロパティを繋げる努力がされているということを理解することは重要である．クラスの簡潔な定義が，広く有用性をもつことが望まれる．これが，オントロジ開発の最も難しい部分である．広く利用され精練された，既存のオントロジを見つけることができれば，それを採用する価値がある．

複数のオントロジを結合することは，やりがいがあるだろう．一貫性を維持するためには，ほぼ間違いなくツールのサポートが必要となるだろう．

(1) クラスとプロパティの等価性 (equivalentClass, equivalentProperty)

あるオントロジを別のオントロジと結合する際，前者のオントロジの中の特定のクラス（あるいはプロパティ）が後者のオントロジのクラス（あるいはプロパティ）と等価であると示せることは，しばしば有用である．しかし，この機能は注意して使用する必要がある．結合されたオントロジが矛盾している場合があるからである．

例えば，食品オントロジでダイニング・コースを記述する際に，ワイン・オントロジを用いてワインの特徴を記述する場合を考える．一つの方法は，食品オントロジでクラス（&food; Wine）を定義し，それがワイン・オントロジの既存のワイン・クラスと等価であると宣言することである．

```
<owl:Class rdf:ID="Wine">
  <owl:equivalentClass rdf:resource="&vin;Wine"/>
</owl:Class>
```

プロパティ owl:equivalentClass は，二つのクラスがまったく同じインスタンスをもっていることを示すために使用される．OWL DL では，クラスは個体の集合であり，個体自身ではないことに注意されたい．しかしながら，OWL Full では，二つのクラスがあらゆる点で同一であることを示すために，後述の owl:sameAs を使用することができる．

もちろん，#Wine を使用するところではどこでも常に&vin;Wine を使用することができ，再定義なしに同じ結果を得ることができるため，上記の例は多少不自然である．よりありうる使用方法としては，二つの独立して開発されたオントロジを利用する場合である．それらが同じクラスを参照するために URI の O1:foo と O2:bar を使用することに注意されたい．owl:equivalentClass は，二つのオントロジからの帰結を結合することができるように，これらを重なり合わせるために使用することができる．

クラス式が rdfs:subClassOf コンストラクタのターゲットになりうることをすでに見た．それらはまた，owl:equivalentClass のターゲットでもありうる．さらにこれは，すべてのクラス式の名前を作り出す必要性を避け，プロパティの充足性に基づいた強力な定義機能を提供する．

```
<owl:Class rdf:ID="TexasThings">
  <owl:equivalentClass>
    <owl:Restriction>
      <owl:onProperty rdf:resource="#locatedIn" />
      <owl:someValuesFrom rdf:resource="#TexasRegion" />
    </owl:Restriction>
  </owl:equivalentClass>
</owl:Class>
```

TexasThings は，厳密にテキサス地域にある事物である．ここで owl:equivalentClass を使用することと rdfs:subClassOf を使用することの違いは，必要条件と必要十分条件との違いである．subClassOf では，テキサスに位置するものは必ずしも TexasThings ではない．しかし，owl:equivalentClass を使用すれば，何かがテキサスに位置する場合，それは TexasThings のクラスの中になければならない．

subClassOf	TexasThings(x) は，locatedIn(x,y) および TexasRegion(y) を意味する
equivalentClass	TexasThings(x) は，locatedIn(x,y) および TexasRegion(y) を意味する．さらに locatedIn(x,y) および TexasRegion(y) は，TexasThings(x) を意味する

同様の方法でプロパティ間を結合するためには，owl:equivalentProperty を使用する．

(2) 個体の同一性（sameAs）

このメカニズムは，クラスのものに似ているが，二つの個体が同一であると宣言するものである．

```
<Wine rdf:ID="MikesFavoriteWine">
  <owl:sameAs rdf:resource="#StGenevieveTexasWhite" />
</Wine>
```

この例は，あまり有用ではない．この例からわかるのは，マイク（Mike）が安いローカルのワインが好きだということである．sameAs のより典型的な使用方法は，二つのオントロジの統合の部分として，異なるドキュメントで定義されている個体を互いに等価にすることだろう．

これは，重要なポイントを提起する．OWL は単一名仮定をもっていない．二つの名前が異なるというだけでは，それらが異なる個体を指すことを意味するとは言えない．

上記の例では，二つの別個の名前の同一性を言明した．しかし，この種の同一性は推論することも可能である．関数型のプロパティから導き出すことができる含意を思い出されたい．「生産者をもつ」というプロパティが関数型だとすれば，以下は必ずしも矛盾していない．

```
<owl:Thing rdf:about="#BancroftChardonnay">
  <hasMaker rdf:resource="#Bancroft" />
  <hasMaker rdf:resource="#Beringer" />
</owl:Thing>
```

これがオントロジの他の情報と矛盾しなければ，それは単に Bancroft = Beringer

を意味する．

二つのクラスを同一にするために sameAs を使用することは，それらを equivalentClass と同一にするのと同じことではないことに注意されたい．その代わりに，それはクラスが個体として解釈される原因となり，そのオントロジを OWL Full としてカテゴライズしなければならない．OWL Full では，クラスと個体，プロパティとクラスなど，あらゆるものを同一にするために sameAs を使用することができ，両方の引数を個体として解釈させる．

(3) 異なる個体 (differentFrom, AllDifferent)

このメカニズムは，sameAs と逆の効果を提供する．

```
<WineSugar rdf:ID="Dry" />

<WineSugar rdf:ID="Sweet">
  <owl:differentFrom rdf:resource="#Dry"/>
</WineSugar>

<WineSugar rdf:ID="OffDry">
  <owl:differentFrom rdf:resource="#Dry"/>
  <owl:differentFrom rdf:resource="#Sweet"/>
</WineSugar>
```

これは，これらの三つの値が互いに異なると言明する方法の一つである．そのような違いの識別性を保証することが重要な場合があるだろう．これらの言明がなければ，辛口かつ甘口なワインについて記述することができる．ワインに適用された糖分があるプロパティが高々一つの値しかもっていないことを述べた．誤ってワインが辛口でもあり甘口でもあると言明すれば，上記の differentFrom 要素がなければ，これは辛口と甘口は同一であるということを意味する．上記の要素があれば，その代わりに矛盾が生じるだろう．

より便利なメカニズムが，互いに異なる個体を定義するために存在している．以下は，赤，白およびロゼがペアで異なっているとの言明である．

```
<owl:AllDifferent>
  <owl:distinctMembers rdf:parsetype="Collection">
    <vin:WineColor rdf:about="#Red" />
    <vin:WineColor rdf:about="#White" />
    <vin:WineColor rdf:about="#Rose" />
```

```
    </owl:distinctMembers>
  </owl:AllDifferent>
```

owl:distinctMembers が owl:AllDifferent との組み合わせによってのみ使用できることに注意されたい．

　ワインのオントロジでは，すべてのワイン記述子に対して owl:AllDifferent の言明を提供した．さらに，複数のワイナリーがすべて異なると述べる．他のあるオントロジに新しいワイナリーを加え，それがすでに定義されているすべてと素の関係にあると言明したければ，オリジナルの owl:AllDifferent の言明をカット&ペーストし，リストに新しい生産者を加える必要がある．OWL DL においては，owl:AllDifferent の集合を拡張する，より簡単な方法はない．OWL Full では，RDF の三つ組と rdf:List 構成要素を使用して，他のアプローチが可能である．

参考文献

[1] W3C 勧告 OWL（http://www.w3c.org/2004/OWL/）.

（赤埴 淳一）

第 III 部

メタデータ応用

　世界の情報産業ではコンテンツ関連の市場比率がますます増加し，設備投資からコンテンツへの投資へと流れが変わりつつある．同時にあり余る帯域をもつネットワークは，プロのコンテンツから家庭や個人が発信するコンテンツへ，そして配信も B to B（Business to Business），B to C（Business to Consumer）から P to P（Peer to Peer）などを用いた C to C（Consumer to Consumer または Community to Community）へと大きな変動が起きている．ここに，ネットワークとコンテンツの融合の余地ができた．デジタル技術によりいったん分離したデジタルインフラとデジタルコンテンツを再結合することが，ネットワークとコンテンツの融合であり，その融合を可能とするのがメタデータ技術である．メタデータを用いたさまざまな応用サービスが研究開発され，中には商用化されているシステムもある．第 III 部では，メタデータを活用したデジタル放送，オンラインニュース配信，学術コンテンツ流通，サイエンスコンテンツ共有，デジタルシネマ流通などの具体的な取り組みについて紹介する．

第7章

デジタル時代のメタデータ流通

7.1　はじめに

　ブロードバンドネットワークの普及に伴い，音楽，映画，番組をはじめ多くのコンテンツがネットワークを介して流通するデジタル商取引（デジタルコマース）時代が始まろうとしている．放送と通信の融合という言葉が示すように，デジタル化されたコンテンツはデジタル放送やCDN（Content Delivery Network）機能をもったネットワークによる流通が行われ始めている．

　ブロードバンドは，従来はアクセス系にネックがあったが，ADSL, FTTH（Fiber To The Home）などの進歩に伴ってこのネックも解消に向かい，わが国は世界で最も低料金のブロードバンドアクセスが可能な国となった．また，コンテンンツの容量は音楽から映像へと増加傾向にあるが，アクセス料金のさらなる低下を考慮すると，デジタルコマースにおけるネットワークネックはほとんどなくなる．

　一方，デジタルコンテンツの最大の特徴は複製と流通が容易であることから，著作権侵害を起こす問題が各所で起きている．音楽ソフトのP to P問題をはじ

め，気が付かないうちに犯罪行為が行われることもある．著作権法などの従来の権利保護の法律はデジタル技術を前提としていないため，技術の発展に伴い新しい法体系や流通秩序が必要との意見も出始めている．

本章は，(1) これらの課題は電子（electronic）技術の時代には顕在化していなかったので，まずデジタル技術の本質に立ち戻って考えてみる．次に，(2) ITを基盤とした活気ある社会（Hot On IT）のためには家庭や個人からの情報発信文化の形成が重要であり，それを支えるコンテンツ工学が重要であることを述べる．そして，(3) 情報化社会の実現には，ネットワークとコンテンツの連携が必要であり，それを可能とするメタデータ技術について述べる．(4) 最後にデジタル時代に適合した制度のあり方について述べる．

7.2 デジタルコマースの課題

7.2.1 デジタルコモディティ

ラジオ，電話，テレビからメール，ウェブまでに発達した情報インフラは，今や電気，水，ガス，ガソリンなどと同じく生活必需品となっている．情報財は衣食住商品や自動車，家電製品と同じくどこでも購入できるという意味でのコモディティ化が進展した．

一方，デジタルインフラで配信される多くのコンテンツはデジタル表現されている．音楽，ビデオ，ジャーナル，放送番組，オンラインニュース，アニメ，デジタルシネマ，ウェブ，ブログなどがデジタルである．

インフラとコンテンツがともにデジタル化されることで何が変わったかを表7-1によって分析する．電子技術の時代には，情報を運ぶ記録媒体は，紙，レコード，フィルムからCD，MD，DVD，電話，ファックス，テレビまでの物財が中心であった．電子技術の時代は，情報は主として媒体に固定（体化）されていたが，デジタル技術の時代では，情報と媒体は完全に分離した．情報財は媒体と分離することで，品質劣化なく複製が無限にできる．この分離によって，情報の流通は物流を介する必要がなくなり，距離と時間を超えた流通が容易になった．

これは，デジタル情報はその元となる信号を物理量と比較して，1と0の記号列に変換することで得られるため，本質的に時間や物理量とは無関係な存在だから

表7-1 デジタル技術がもたらした変革

	アナログ技術の時代	デジタル技術の時代
メタ	メタ情報 ● 表紙，帯，広告，チラシ，情報誌など	メタデータ ● 内容，存在，検索，発見，権利，所有，利用，課金，認証など
情報	情報 ● 本，音楽，映画，番組，通話など	デジタルコンテンツ ● ストリーム，パッケージ，リアルタイム
媒体	物 ● 紙，フィルム，CD，DVD，テレビ，電話，ファックスなど	デジタルインフラ ● ADSL，CATV，FTTH，インターネット，デジタル放送，モバイルなど

である．時間と無関係であるからいつまでも存在し続け，変化することのない恒久普遍的な存在である．物理世界の制約がないことから，重さや場所とも関係のない局在性のない存在である．

また，デジタルコンテンツには，意味，価値，効果の概念は含まれていない．それらは放送，電話，映画，メールといったアプリケーションに帰属する問題とされている．デジタルコンテンツには，所有の概念はもちろん，それを表現する余地はないことも明らかである．

このようにデジタル時代は，われわれが日常生活をする上で扱う物財としてのモノや，電子技術を駆使した家電や機器などと比べると，決定的にその扱いを困難なものとしている．このため，デジタル時代では，情報を誰が創作したのか，誰が所有するのか，どこにあるのか，どのように探し出すのか，価格はいくらなのか，購入した後の利用あるいは保障はどこまで可能なのか，といったさまざまな問題が出てきた．このような新たな問題を解決する技術が求められている．

7.2.2 電子商取引（e-コマース）から
デジタル商取引（d-コマース）へ

このことを，物財の流通とデジタル財の流通の観点から表7-2を用いて比較してみる．物には，時間の経過とともに質が劣化し，同一の複製物ができない，大きさや重さがあって移動コストや移動時間がかかる，時間や場所でその存在が明

表7-2 電子商取引とデジタル商取引

	e-コマース	d-コマース
情報インフラ整備	電話網,放送網,物流網 ● 電話網と電話,放送網とテレビなどの家電 ● 多様な情報インフラの存在意義と運営	デジタルインフラ ● インターネット,デジタル放送とコンピュータ・デジタル家電など,インフラの整備と運営 ● P to P,グリッドコンピューティングなど,デジタル資源の共有環境の構築と運営
情報法制度整備	物財,アナログ財のガバナンス ● 特許,意匠,著作権など物財固定の権利管理 ● 物理的実体の認証など,情報セキュリティ基盤	デジタル財のガバナンス ● データ,アルゴリズム,DNAなどのデジタル知財管理 ● デジタルマネー,PKI基盤 ● 認証と個人情報保護の課題
経済基盤整備	電子商取引(e-コマース) ● コンテンツは物流のポータル ● 情報のサービス的扱い	デジタル商取引(d-コマース) ● 知的財産権の証券化 ● 情報商品とその交易 ● 電子契約の方式

らかである,という性質がある.

物流は,このような性質を巧みに利用した流通システムを作り上げてきた.例えば,経年変化するから新品への買い替え需要もあり,中古市場も存在する.簡単には複製できないので,製造コストと商品価格付けの対応も比較的容易である.また販売の現場では,客の顔も見えるし,物の存在が明らかである.このため,すぐには持ち逃げされないので巧みに商品展示して購買欲をそそるような工夫ができた.

デジタル財の流通においては,劣化,格差,時空間局在化という特徴を生み出し,財貨としての価値を付けることは,デジタル技術の本来の目的になく,本質的に不可能な問題,つまりパラドックスなのである.インターネットやブロードバンドの普及に伴い,デジタル世界での著作権や特許権など,知的財産権の共有と独占,所有と利用の扱いといった問題が顕在化してきた.この問題の基本は,連続というアナログ世界と,離散というデジタル世界の世界観の違いにその根本が根ざしている.

とすれば，デジタル時代にふさわしい制度設計や，流通モデルの開発，デジタル商取引の習慣，さらにはデジタルリテラシーの再構築が必要である．主な課題としては，(a) 情報インフラの整備では，デジタルインフラの整備と事業者インセンティブのある運営方法，電話，インターネット，放送など，多様な情報インフラの存在と維持運用，(b) 情報法制度の整備では，デジタル財の所有と利用などデジタル権利管理方法，トレーサビリティとプライバシー保護のバランス，(c) 情報経済基盤の整備では，知的財産権の流通モデル，情報商品の流通モデル，デジタル契約方式などビジネスロジックの開発，などがある．

7.3 情報発信文化の形成

7.3.1 Hot On IT ── 自己実現のビジネスモデル

IT は，われわれの生活を豊かにし，あるいはそれに関連する製品やサービスを生み出すことができるか，という根本的な疑問に答える必要がある．さらに IT は，新たな雇用，働く場を創出できるかという点にも答える必要がある．

デジタルという IT 基盤は，単にコミュニケーションの手段にすぎない．それを使いこなす人には大きな利益がある．逆に言えば，使いこなせない，情報発信できるコンテンツをもたない人は，IT にお金を払うだけになってしまう．

家庭に占める食費の割合をエンゲル係数という．経済学者の林龍二は，仮に情報係数，あるいはコンテンツ係数という言葉があるとすると，図 7-1 に示すように，教育，娯楽，メディア，インターネットなどに関わる経費が家庭支出に占める割合を示すコンテンツ係数が年々高まってきていると言う [7]．これは心理学者のマズローの五段階欲求で言うところの，人間の成熟に応じて，生理的欲求，安全・安定，コミュニティへの欲求から，自己表現や自己実現欲求を充足することが高まるという法則と実によく符合する．

そうだとすると，自己表現や自己実現欲求を流通市場に乗せていけるような産業構造に転換していかなければいけない．情報を享受する時代から，個人や家庭から情報発信する，あるいは情報発信できるコンテンツを制作していくことが必要になる．情報の発信が家庭や個人から行われ，情報制作の底辺が広がれば，質の高い情報が生産でき，それを輸出できる．情報発信文化こそが情報産業活性化

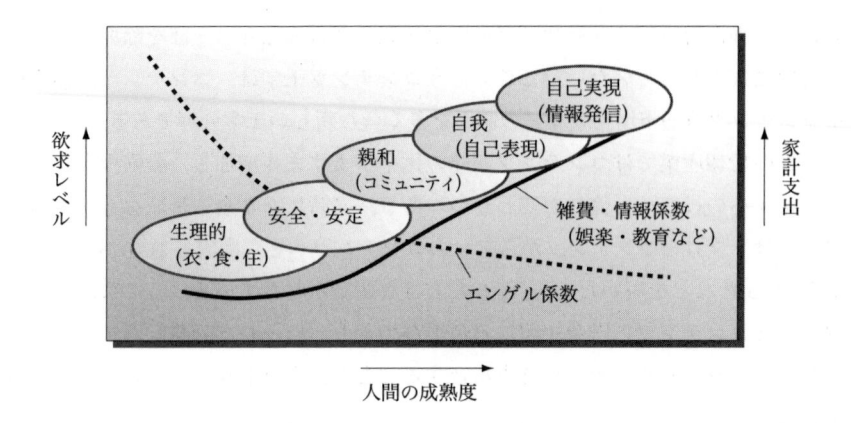

図7-1 自己実現の経済分析 [7]

の鍵である．

　創造力，技術力，そして情報発信という文化力の向上へと発展させていかなければならない．そのようなIT社会は，いろいろな個性や特技やスキルや知識をもった人たちが，そしてそれを必要とする人たちが出会うことができることになる．さらに，新しい発見や出会いが新たなビジネス機会を創出し，活気あるネット社会を作り上げていくことができる．そのようなネット社会が，ITを活用した活気溢れる社会なのではないだろうか．かっこいいIT社会像がCool On IT だとすると，活気・熱気・心意気に溢れたれたネット社会，さしずめ，Hot On IT というネット社会の実現をデジタル時代で目指したらよい．

7.3.2　コンテンツ×ネットワーク

　デジタル技術とハードウェア技術の進歩により，単にデジタルデータを高速に伝達するネットワークから，デジタル財を流通するデジタルコマースが実現できるようになってきた．このため，著作権など法学や情報経済学といった社会科学系の学問分野と理工学系との接点が生まれ，「法と経済と技術」といった新たな融合分野が出て来ようとしている．これを「コンテンツ工学」と呼ぶ．

　理学と比較すると，工学は単なる現象の分析だけではなく，生成，合成にまで至ることが大きな特徴である．情報工学は音声合成やコンピュータグラフィック

スによる画像合成，シンセサイザーによる楽器音合成などの一部を除いて，生成や合成にまで至っていない．ここで言うコンテンツ工学は，コンテンツ制作支援やコンテンツ流通市場生成などの側面を多く含む新しい工学分野である．

世界の情報産業ではコンテンツ関連の比率がますます増加し，設備投資からコンテンツへの投資へと流れが変わりつつある．同時にあり余る帯域をもつネットワークは，プロのコンテンツからアマのコンテンツへと，配信もB to B，B to CからP to Pなどを用いたC to Cへと大きな変動が起きている．ここに，ネットワークとコンテンツの融合が起こる余地ができた．いったん分離したデジタルインフラとデジタルコンテンツを再結合することが，ネットワークとコンテンツの融合である．

家庭，個人，アマチュアが自由にコンテンツを作り情報発信できるネットワークの仕組みを作ることが，結果的にコンテンツ産業で勝ち抜く基盤を作ることになる．わが国は世界で最も低料金のブロードバンドアクセスが可能な国となったのであるから，わが国の誇る伝統的文化，アニメのような新興文化とITの融合を図っていく必要があろう．そして，家庭，個人が自らの情報を世界に発信する文化を作り，わが国の文化力を強化して，情報産業を世界のトップにすることを目指したい．そうすることで，Hot On IT というIT立国が実現できる．

7.4 メタデータ流通基盤

7.4.1 情報通信×情報流通

情報を財として取引の対象とするとき，それを情報流通という．情報がデジタルであるとき，それはデジタルコマースである．ほとんどの場合，情報はデジタルであるので，デジタルコマースと情報流通は同じとみなしてよい．

情報流通とは，ある人が制作，所有する情報を他の人に伝達，譲渡することであると仮定する．情報は制御の概念と強く結び付いている．それは，制作，所有，権利譲渡，利用などの目的に従って動作するシステムの挙動を決定するための制御情報と関係する．そこで，情報流通システムの動作を決定する制御情報を情報流通のメタデータとする．

情報流通，すなわちコンテンツ流通は，コンテンツの制作，配信，所有と利用，

発見や探索，著作権処理，複製など許諾管理，料金システム，利用者の認証管理が，情報通信に組み込まれたシステムであると考えてよさそうである．このシステムが効率的に動作するには，制御技術，つまりメタデータ技術が重要になる．

このメタデータには，情報の内容を記述する情報が含まれる．本を例にメタデータの具体例を示す．書店の棚に並べられた本には，人の注意を引くよう，一目でその内容がわかるような工夫がされている．表紙に書かれたタイトル，著者，出版社や，帯に書かれた購買欲をそそる書評や概要や見出しなどがそれである．もちろん，裏表紙には，出版社や価格を示すバーコードが書かれている．

7.4.2 消費者（利用者）主導の流通モデル

これまでの情報流通は，生産者，供給者主導の流通モデルが強すぎたように見える．情報は至るところに存在する．デジタルコンテンツの制作編集機器と双方向ブロードバンドインターネットが普及したことで，物の生産，流通，消費にはない新たな流通モデルが必要になっている．

生産者主導の流通モデルとは，マスメディアを用いた広告宣伝と，規格化商品，大量消費型のモデルに基づいている．情報流通においても，消費者の欲求がないと，消費行動には繋がらないので，需要とのマッチングが重要である．

一方，情報財は，「お代は見てのお帰り」というように「見ないとわからないが見たらおしまい」という経験財としての性質をもつ．例えば，1と0のデジタルデータ列をショーウィンドウに陳列してもまったく無意味である．これまで情報財も物財，モノに固定してその存在を明示してきた．特に，デジタルコンテンツでは，コンテンツの内容がわかるような情報としてのメタデータが必要になっている．

大衆から発信されるコンテンツを流通市場に乗せ，消費者主導の流通モデルにおいて情報流通産業を活性化していくには，このメタデータ技術が重要である．デジタル財を，誰が創作し，保有しているか，それをどこで入手できるか，消費者が欲しがっている情報と合っているのか，それはどのような環境で視聴できるのか，といったメタデータをスムーズに交換できるかどうかで市場が活性化するか否かが決まってくる．

7.4.3 メタデータ流通

メタデータにはどんな種類があって，どのように役立つかを表7-3で整理する．メタデータの分類は，(a) デジタルインフラの構成要素であるネットワークと端末を制御するものと，(b) デジタルコンテンツそのものを制御するものに分けられる．

表7-3 メタデータ種別と制御対象

	ネットワーク，端末制御	コンテンツ制御
制作	映像機器のネットワーク連携・協調制作 ● ネットワーク分散協調制作など	コンテンツの著作・制作 ● 企画，著作，制作，編集，資金調達などの工程管理，品質管理
存在	接続可能なネットワーク・端末種別 ● アクセス種別，電話番号，IPアドレス，端末機能など	コンテンツの存在 ● デジタルID，URL，リンク，購入店舗など ● 信頼・品質評価，格付け・価格付けなど
検索	利用可能なネットワーク・端末機能 ● グリッドコンピューティング，アドホックネット	コンテンツの検索 ● キーワード，シソーラスのメタデータポータル ● 権利，利用条件検索
権利・許諾	ネットワーク・端末資源の利用権 ● 帯域，接続性，蓄積容量，CPU利用，電力など	著作権などの知的財産権管理 ● 複製権，改変権，氏名表示権，流通権などのデジタル創作権・デジタル著作権管理
流通・配信	ネットワーク・端末資源の流通 ● 帯域，時間帯，接続権の流通管理 ● 品質管理	コンテンツの所有・利用 ● 商用，転売，改変などの利用条件 ● メディア変換，言語翻訳，商品・サービス変換など
利用・評価	利用者の状況・評価など ● 会議中，出張，車中などの状況 ● アクセス管理，利用者管理，課金管理 ● 優先接続・伝送品質管理	趣味・嗜好，利用目的，必要性など ● 教育，子供，高齢者，福祉，研究，学術，医療，私的・商用利用などの利用者や利用目的 ● 評判，噂，品質評価など ● 利用者フィルタリングなど

コンテンツの創作，存在，発見，検索，流通，取引，利用の各過程でさまざまなメタデータが発生し，交換され，消費される．メタデータを相互理解できるメタデータ標準は，コンテンツの生産性の向上や品質管理，評価に基づく制作者へのインセンティブを制御することができる．

7.4.4 メタデータ流通基盤

図 7-2，図 7-3 を用いて，コンテンツ流通とメタデータ流通がどのように行われているかについて述べる．メタデータを発信者と消費者で交換することによって，デジタルコマースが行われるようなメタデータ指向ネットワークを考えてみよう．デジタルコマースは，コンテンツ配信とメタデータ流通に分けて，ネットワーク，端末，コンテンツの制御処理がされたほうが効率的である．

コンテンツ配信には，デジタルコンテンツを配信するためのサーバやネットワークなどの配信インフラに加え，キャッシュサーバなどを利用し，配信を効率化するための CDN の仕組みなどが含まれる．コンテンツ配信では，現在，サーバ／クライアント型のシステム構成が主であるが，著作権保護機能の利用を前提とし，クライアント間でコンテンツを流通させる P to P 型のシステム構成も注目されている．サービスプラットフォームとしては，認証や課金，DRM 機能など，サービスを遂行するために必要な機能を提供するミドルウェアから構成される．

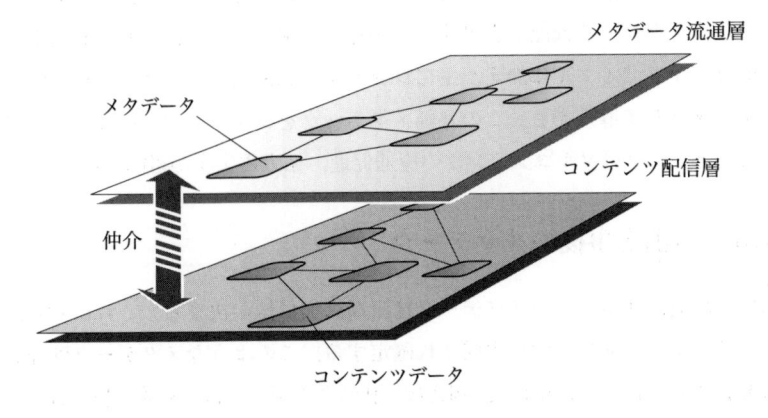

図 7-2 メタデータ流通とコンテンツ配信

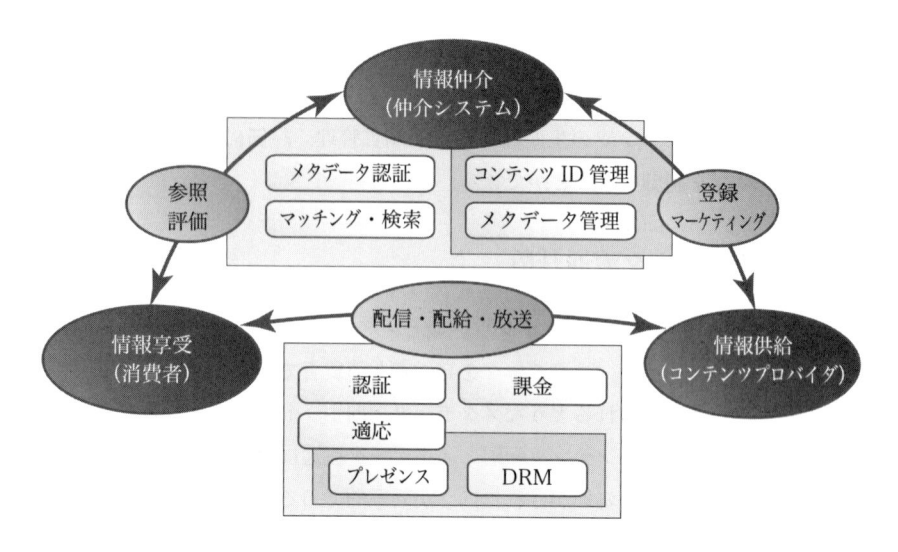

図 7-3　メタデータ交換アーキテクチャ

　メタデータ流通では，権利管理，情報料課金，利用者認証，端末属性の管理，トラストやバリュー連鎖といったメタデータの管理が行われる．メタデータ流通とコンテンツ配信は，どんなコンテンツがどんな条件で売買できるかということを調べる仲介システムによって連携する．メタデータ流通は，デジタルコンテンツの制作から視聴，評価に至るまでのライフサイクルを考え，各段階で生成されるメタデータを交換する機能を提供する．制作から流通・配信，そして利用という一般的なライフサイクルに加え，主にコンテンツ利用者の「評価」という情報をメタデータとして導入する．この評価メタデータをコンテンツの制作や検索に利用することで，デジタルコンテンツの流通促進，拡大再生産が可能になる．

7.4.5　事前と事後のメタデータ

　制作，配信，利用などのメタデータは流通以前に値が決まる．これに対し，評価メタデータは流通後に値が生成され確定する．このようなメタデータ管理システムを表 7-4 によって説明する．例えば，評価メタデータは，多数の利用者によって付与され，メタデータ生成，変更，追加が継続されるといった特徴がある．このため，事前メタデータとは性質を異にし，メタデータの生成，管理，品質保証

表 7-4　事前と事後のメタデータ管理

	事前（静的）	事後（動的）
制作過程	著作権管理，企画・シナリオ・素材・制作・編集などの工程管理	再生産・付加価値化など，二次制作の著作権管理，工程管理
流通過程	価格，賞味期限，帯域，品質などの鑑賞条件や配信条件管理	価格変更，中古，利用条件，配信条件などの再販管理
検索過程	キーワード，シソーラスなどの検索条件管理	キーワード変更，分類変更などの販売管理
評価過程	要約，見出し，トレーラ，番組表などのコンテンツ，メタデータ管理	評判，口コミ，噂，信頼性などの評価データ管理，制作資金調達などのマーケティング情報管理

をどのように行うかが課題となる．

　従来の事前のメタデータ付与は，生産者主導により行われており，制作物に関する関連情報やその著作物の権利に関するものが多い．また，コンテンツに付与されたメタデータの値は固定的である．このことは映画，テレビ番組，CD販売，DVD販売などによるコンテンツ流通が，生産者から消費者へと一方向での流通であったことにも起因している．

　しかし，コンテンツ流通は双方向通信が利用でき，コンテンツに対するメタデータを生産者だけではなく消費者，利用者も付与し，流通させることができる．コンテンツに対して生産者が固定的にメタデータを付与するだけではなく，消費者の消費活動により動的に変化するメタデータを付与し，管理することができれば，コンテンツが利用されるに従ってメタデータが増加することになる．これは消費されることにより市場動向を反映する形で動的に付加価値が高まるということに繋がる．

　最近のブログの台頭に見られるように，個人が手軽に情報発信をする手段が整備されつつあり，これに伴ってメタデータが生成される環境も分散化される傾向にある．よって，このような散在するメタデータを効率的に収集し，管理する手段が重要になる．評価データをマーケティングの観点から分析することが重要になる．これにより，利用者への評価情報のフィードバックがより有益なものとなり，需要に即応したコンテンツ制作へと繋がっていくものと期待される．

7.4.6 メタデータ流通サービス

このようなメタデータ流通基盤を活用し，個人がデジタル流通の一翼を担う方法としては，知り合いや隣人に視聴コンテンツに関連するメタデータや他のコンテンツを紹介することによりインセンティブが得られるような仕組みが考えられる（図7-4 を参照）．このようなデジタル財の仲介はアフィリエートと呼ばれる．

アフィリエートとは，コマースサイトやリテーラーを紹介し，紹介の結果コマースサイトで売買が行われたら，サイトから紹介者に手数料が支払われる仕組みである．アフィリエートは，デジタル財を買いたい人が集まりそうな場所，コミュニティ，購入者を選んで紹介情報を通知するので効率的である．また，消費者の選択を事前に行うため取引率が高いという特徴がある．アフィリエートのビジネスモデルは，成功報酬型の支払い形態が多いので，費用対効果を高める効果がある．この仕組みは，興味のない商品を紹介される可能性が減るため，デジタル財を売る提供側だけではなく購入者にも利点がある．

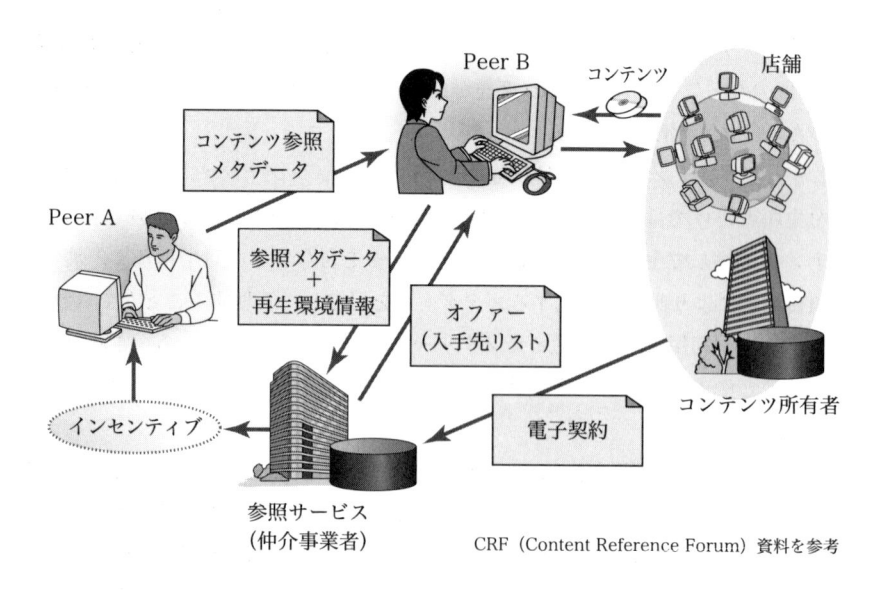

図 7-4 インセンティブを伴うメタデータ流通

7.5　権利メタデータとコモンズ

　最後に，デジタルコマースの法制度的な課題と動向について述べる．これまでコンテンツ流通は，主に劇場映画や放送番組，メジャー音楽などのプレミアムコンテンツを流通させるという商用ドメインでの議論が多かった．このため，主としてCDNやDRMなどを軸に述べられてきた．ここでは，商用コンテンツ以外のものが多数存在するコモンズに着目したデジタルコマースの市場化について，図7-5を用いて述べる．

　一般的にコモンズと言われているものは，排他性がなく（誰の所有でもなく），競合性がある（資源が有限である）ので，「共有地」と呼ばれる経済学的なドメインに属する．電波の帯域などは共有地に属するが，規制によって通信業者が帯域の払い出しを行うようになると，排他性が存在することになるので，「所有地」に属するようになる．

　デジタルコンテンツは，原理的には完全な複製が無限に可能であるので，競合性がなく，「デジタル共有地（digital commons）」に属することになる．デジタル財の場合には，このドメインがコモンズとなる．これに利用条件を創作者が付与することにより，そのコンテンツが誰のものかということが明確になるので，排他性が存在する．

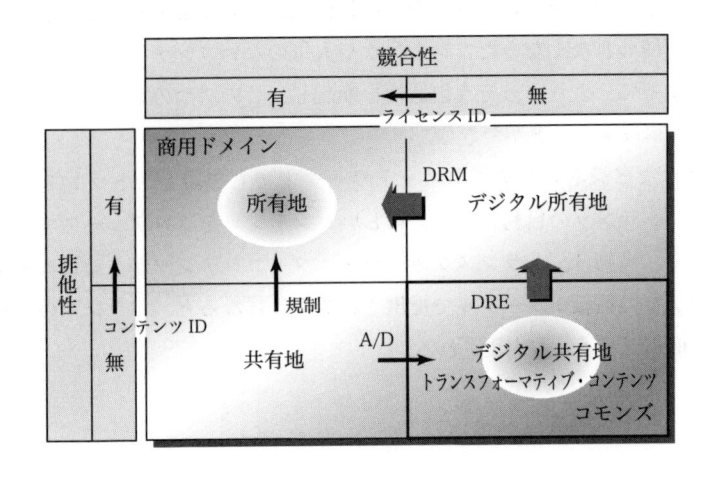

図7-5　デジタルコンテンツ・コモンズ

コモンズに公開されるコンテンツは，ファイル共有や改変，派生作品の制作など，柔軟な利用条件をもっており，このようなコンテンツをトランスフォーマティブ・コンテンツ（transformative content）と呼ぶ．トランスフォーマティブ・コンテンツは，情報発信コンテンツの重要な資源であり，その中の一部は付加価値を付けることによって商用ドメインでも取引され，全体のコンテンツを増やす役割をもっている．

デジタルコマースをこのようなスキームに基づいて生まれ変わらせるためには，トランスフォーマティブ・コンテンツを公開する仕組み，トランスフォーマティブ・コンテンツを認証する仕組み，コモンズと商用ドメインを橋渡しする仕組みが必要である．

コンテンツをコモンズに公開するには，そのコンテンツを誰が創作し，誰が所有し，それをどう利用してよいかという利用許諾条件を示すデジタル創作権（DRE：Digital Rights Expression）というパブリックライセンスをコンテンツに付与することが必要になる．DREを自分の作品に付与する人の中には，趣味で作品を作っている人と，登竜門的にいつかはメジャーデビューしようと思っている人がいる．どちらにも共通して言えることは，世の中に認めてもらいたいという欲求，つまり自己表現や自己実現欲求に根ざしているということである．

コモンズから商用ドメインへコンテンツを橋渡しするために，コンテンツのプロデュースや目利きなどの人的支援も視野に入れていく必要がある．また，商用ドメインで使われなくなったコンテンツや人気のないコンテンツをコモンズに戻すことによって，よりいっそう創造性を喚起し，この二つのドメイン間で上昇スパイラルを形成することができる．

このようなビジネスモデルをネットワーク上でも実現し，トランスフォーマティブ・コンテンツの目利きをし，新しいコンテンツをプロデュースする基盤が必要である．当初は，トランスフォーマティブ・コンテンツが主流になるが，商用コンテンツの情報がポータルで提供されるようになると，バランスのとれたコモンズと商用ドメインが実現される．

7.6　おわりに

　このようなメタデータ流通を用いたデジタルコマースの仕組みは，コンテンツ流通に限ったことではなく，表7-5に示すように，ハードウェア，ソフトウェア，コースウェア，コンテンツ，サイエンス分野のプログラムやデータの共有環境としてさまざまな取り組みがなされている．

　コンテンツは人々の趣味・嗜好の多様化に伴い，非常に幅広いものに変わってきている．誰もがクリエータになれ，同時にエージェントやプロデューサにもなれる時代がすぐそこにやって来ている．その市場を活性化する触媒がメタデータである．情報発信という文化力が向上できるような次世代の情報インフラをメタデータ技術から世界に発信できることを期待したい．

表 7-5　コモンズの新たな流れ

	所有と利用の変化	具体例
ハードウェア・ソフトウェア	コンピュータ，ネットワーク資源，ソフトウェア資源の共同利用	グリッドコンピューティング，オープンソース • GPL，OSS • OS，DB など
コースウェア	教育への権利制限，IT 活用における e-ラーニング	デジタル教育教材の共有，遠隔授業での著作権 • OCW（オープンコースウェアの公的ライセンス）
コンテンツ	デジタル映像処理の大衆化，情報発信（ウェブ，ブログ）の大衆化	デジタル創作権 • Creative Commons PL，d-mark，cIDf
サイエンス	ネットワーク連携，バーチャルオーガニゼーション，国際産学連携共同研究	学術，DNA，脳神経，地球環境，気象，天文などデータ共有 • GeNii（学術情報ポータル），Neuro Informatics（脳神経科学ポータル），BioInformatics（DNA ポータル），CSI（Cyber Science Infrastructure）など

参考文献

[1] 安田浩・安原隆一監修，曽根原登ほか共著：『コンテンツ流通教科書』，アスキー出版，2003.

[2] 日本工学アカデミー・日本学術会議編，安田浩・辻井重男・曽根原登ほか共著：『2010年コンテンツ産業に必要な8つの要件——d-commerce宣言』，アスキー出版，2004.

[3] 林紘一郎編著，曽根原登ほか共著：『著作権の法と経済学』，勁草書房，2004.

[4] 画像電子学会編，曽根原登編著：『デジタル情報流通システム』，東京電機大学出版局，2005.

[5] Kenichi Minami, Takehito Abe, Lawrence Lessig, Noboru Sonehara: "TEAM Digital Commons, Activating the Market by a Network Content Delivery Revolution", *NTT Technical Review*, 2004.

[6] 林敏彦編：『情報経済システム』，NTT出版，2003.

[7] 林龍二（東京経済大学コミュニケーション学部）：「私の研究領域と関心領域」，NTT OB教員の三金会，2004/7/16.

[8] 東倉洋一・曽根原登ほか共著：『情報セキュリティと法制度』，丸善ライブラリー，2005.

[9] 曽根原登・新井紀子ほか共著：『デジタルが変える放送と教育』，丸善ライブラリー，2005.

（曽根原 登）

第8章

NIメタデータ流通システム
―― NI日本ノード構築にむけて

8.1　はじめに

　21世紀を迎え，コンピュータとネットワークを中心とするITの普及は，学術分野，科学技術分野に新しい展開をもたらした．われわれの外部環境を形成している宇宙や，内部世界である生命の理解に向けた研究も新たな時代を迎えている．特に，われわれの意識や思考，学習や記憶など脳の高次機能は，1千億以上と言われる神経細胞の形態やチャネル蛋白，生体アミンなど分子レベルの振る舞いと，複雑に絡み合った神経回路網の動的相互作用の結果として作り出されている．こうした脳神経系に関する研究成果が日ごとに蓄積されていく一方で，研究の専門化と細分化が極度に進み，脳神経系全体としての機能をシステムとして捉えることが著しく困難になりつつある．

　こうした現状を，ITを活用することにより改善し，脳神経科学をさらに飛躍的に発展させるためには，この分野における情報の解析，処理，伝達，蓄積，統合，保存，利用，継承などを促進する情報科学技術「ニューロインフォマティク

ス（NI：Neuroinformatics）」の推進が不可欠と言える．

　特に，脳研究に関連する諸分野の個別の知見を記述し統合する「数理モデル」は，脳をシステムとして捉えるためのさまざまな仮説を検証する思考のプラットフォームとして，また，膨大な知見を統合するための「共通言語」として，脳神経科学における研究基盤の中心的役割を担うことが期待される．すなわち，学術論文に限らず，生理実験データや解析ツールの共有，理論的・計算論的研究のための数理モデル，計算アルゴリズムなどの共有，交換，流通環境が必要となっている．こうした IT 基盤を整備することで，国際協力，神経科学データと研究成果の世界規模での共有，さらに，産業界との連携を促進することができる．この場合もデジタルデータの共有，交換，流通のためのメタデータ流通が必要になっている．

　脳の研究は分子，細胞，システム，個体のレベルへと広がり，分子生物学，システム解析，イメージング技術，それに計算モデルとデータ処理手法などが融合した巨大な科学領域，メガサイエンスに発展した．このために，今後の脳研究の推進にあたっては，国際協力のもとに，脳に関わる分子から個体機能までの実験データを集約するとともに，計算モデルとデータ解析手法を統合する研究推進の基盤を作ることが必要である．

　つまり，NI とは，そうした研究に関連する情報の収集，データ処理およびモデル解析を統合的に支援する研究環境を提供し，脳神経系のシステム的理解，解明を推進する新しい研究パラダイムである．すなわち，従来からある各分野の伝統的研究を縦糸とすれば，NI はそれらの研究を結び付ける横糸であり，実験的手法と数理・情報科学的手法を融合したアプローチによる，21 世紀の脳神経科学研究基盤を築くものである．

　ここではまず，NI に関する欧米の動向を概観し，NI のメタデータ流通システムの基盤構築と，そのシステムと連携する例の一つとして「視覚系におけるニューロインフォマティクスに関する研究」（通称，NRV：Neuroinformatics Research in Vision）の概要 [1][2][3] について紹介する．

8.2　海外の動向と国際協力

　21世紀はIT革命の時代と期待され，あらゆる社会活動が地球規模の通信ネットワークという情報基盤の上に展開されようとしている．生命科学においても，ヒトゲノム情報に関してはすでに国際的な協力体制が確立されてきた．

　一方，ポストゲノムとして注目されている脳科学研究に対しても，ITの導入は人間の本質に関わる脳の構造と機能を明らかにする新しい科学として，また，生命情報の理解，病気の治療，創薬，新しい医療情報技術の創出など，多方面にわたる展開が期待されている．

　こうした中でOECD（経済協力開発機構）のMegascience Forumは，1996年，Biological Informatics作業部会の一つとしてNIWG（Neuroinformatics Working Group）を設置して，その推進の重要性と国際協力の必要性について討議を進め，1999年1月，以下の要点からなる報告書を各国政府に提示した[4]．

① ニューロインフォマティクスおよびそのデータの統合，整備，標準化
② データ処理に関する新しいツールの開発およびその共有化
③ 神経系の理論的・計算論的研究のためのツール，技術，および方法の開発
④ 国際協力を可能にするために，各国のニューロインフォマティクスノードの確立
⑤ ニューロインフォマティクス研究の国際協力への支援体制の確立
⑥ 神経科学データと研究成果の世界規模での共有
⑦ ニューロインフォマティクス若手研究者の国際的，学際的な教育機構の確立

　こうした勧告を具体化するために，NIWGは引き続きGlobal Science ForumのSub-WGのもとに討議を進め[5]，2002年6月に最終報告書[6]が正式文書として採択され，2004年1月に開かれた閣僚級会議で，国際協力に関する政府間覚書案，ビジネスプラン，予算，国際研究助成などの実行案とともに了解された．それに基づきわが国でもNIを推進すべく，窓口となるノードの形成，国内体制の整備と国際協調などの基盤の確立が必要とされている．

(1) 米国の動向

米国では，バイオインフォマティクス（BI：Bioinformatics）の後を狙って，1993年，NIH（National Institute of Health）の主導のもとに多くの政府機関の助成を受けたマルチファンディング方式の Human Brain Project（HBP）Neuroinformatics Initiative [7] が開始され，10年が過ぎた現在，多くの成果が実りつつある [8]．その分野カテゴリおよびウェブページリンク数は表8-1のようになっている．

その後，2003年2月，NIHは国の研究費で獲得されたデータは科学的資源として共有されるべきであるとの視点から，同年10月から提出される直接コストが50万ドル以上の経費を要求するグラント申請に対して，研究データの共有を求める声明を発表した [9]．

こうした動きに対応すべく，ダニエル・ガードナーらは，学術論文が引用され評価されるように，データを保管・共有できる仕組みと提供者に対する citation, reward, credit, acknowledgment が必要であるという Publication Model と呼ばれる一連のガイドラインの検討を進めている [10]．また，NIWG においてもデータ共有に関する多面的な問題について議論がなされてきた [11]．なお HBP は，2004年3月で第1期の10年を終え，4月から第2期の計画 A Decade of Neuroscience Informatics が始まっている．

表8-1 HBP Neuroinformatics Initiative の分野カテゴリ

カテゴリ	リンク数
Cellular Modeling	1
Education	4
Images	19
Maps	12
Mathematical Software	20
Morphology	12
Neuronal Modeling	5
Pharmacology	3
Physiology	9
Protocols	13
Sequences	4
Software Integration	14

(2) EUの動向

一方,欧州ではドイツのフンボルト大学のグループが,ベルギーと共同でOECDの枠のもとにNIに関するメタデータのポータルサイトを構築し,その運用を開始している[12]. また,2004年10月には,計算論的神経科学に関する国内ネットワーク構想としてBernstein Centers for Computational Neuroscienceが創設された.

スウェーデンにおいても脳とロボットの研究所が新設された. イギリスではMRCの科学戦略計画の一つとしてData Sharing and Preservation Policyを公表している[13]. さらに,スイスはローザンヌのEPFLにBrain Mind Institute [14]を創設した.

また,EUの情報技術局,特にFuture Technology Projectは,NIを含むニューロ技術に強い関心を抱いており,2004年7月にはNeuroIT.netワークショップが開かれ,生物のメカニズムを工学的に活用することを目標にした国際共同指針,Towards a Roadmap for NeuroIT-version 1.0が公表された[15]. このプロジェクトは16か国から111人の研究者,82の機関が参加して進められる. 見込み的,夢的なテーマも見受けられるが,生物のメカニズムを知るだけではなく,それを応用することの重要性を意識させる意欲的な計画である.

(3) 欧米の連携

さらに,EUと米国は,科学技術協定の枠組みの中でBIに関わる国際協力の一つとしてNIを取り上げ,情報交換,シンポジウム,グラントの共同申請などを行っている. また,2001年7月にノルウェーで開かれたEU- US Workshop: Databasing the Brain [16] では,ノーベル賞受賞者を含む米国やヨーロッパの超一流の研究者が参加し,多面的な議論がなされた.

こうした欧米の動向を受け,インドでは日本の理化学研究所・脳科学総合研究センターに相当するNational Brain Research Centreが創設された[17]. 韓国もKAIST (Korea Advanced Institute of Science and Technology) のBrain Science Research Centerを中心に,国家プロジェクトとしてKorean Initiatives on Brain-like Information Processing Systems: From Biology to Functional Systemsが推進されている[18]. このように,世界ではNIがBIに次いで焦眉の課題となっている.

8.3　NIメタデータ流通基盤

　NIは脳の機能を解明するだけではなく，それをコンピュータシミュレーションによって再現することから，それらの成果を生かして人工知能を構成し，情報工学的に応用することまで，非常に幅広い科学技術・工学技術領域を包含している．このような研究はわが国の情報産業へのインパクトも大きいと考えられることから，産業界の期待も大きい．

　国際共同研究体制としては，BIの例にならって，国際的にその研究データを共有（data sharing）しようという機運が盛んである．現在，INCF（International Neuroinformatics Coordinating Facility）のもとにOECD主要国が中心となってそれぞれの国にネットワークノードを設置し，データ共有環境を構築する計画が進んでいる．ネットワークはEU，米国，アジアの3極構造モデルが考えられており，各地域の国はそれぞれの極の傘下にノードを設置することになる．アジアでは日本を極として，各国のノードを収容するネットワーク構成が考えられる．

　このような3極構造のネットワーク構成を積極的に推進し，ネットワーク構築のリーダシップをとるためには，わが国のノード設置計画を具体的に策定し，それを世界に提案していくことが肝要である．NI研究の舞台づくりでわが国がリーダシップをとることは，次のような多くの副産物をもたらすことが期待できる．

① NI研究を軸にした次世代の科学研究の振興
  - 研究成果をいち早く公開することにより，研究のプライオリティを確保できる
  - EUや米国の公開情報にいち早くアクセスできる
  - EUや米国との国際共同研究環境が整備されるので国際共同研究が促進され，将来ノーベル賞など有力な国際的賞への距離が短縮される，など

② NI関連産業の振興
  - NI関連産業が速やかに最新のNI研究の成果にアクセスできる
  - わが国のNI関連産業の存在感を世界に示すことが期待できる
  - 日本ノードはわが国における産官学連携の基盤を提供するので，産官学連携強化が期待できる，など

③ 既存の情報産業の振興
- NI 研究を通じて新しいデバイスの開発が期待できる
- NI 研究で新しい知見が明らかになるので，それを利用した新しいアルゴリズムにより情報処理の性能を高めることが期待できる
- デファクト標準化と高度知的情報処理エンジン研究の世界における優位性を確保できる，など

8.4 サイエンス情報流通基盤の例としての NI 日本ノード

　BI は，今後，人の遺伝子情報を中心とした国際共同研究から，脳の情報処理機能の解明と工学的応用を目指す NI に向かう．こうした研究はわが国の情報産業，IT 産業へのインパクトも大きいことから，産業界の期待も大きい．個別分野ごとに学術情報，科学技術情報の共有・流通基盤が整備されていき，将来，IT とメタデータを活用することで情報が統合され，日本のサイエンス情報ノードとなっていくだろう．そうすれば，学術分野が融合し，産業界との連携を可能とする産官学連携のサイエンス情報流通基盤（science information infrastructure）となることが期待される．

　以下，メタデータ流通の側面から，NI の日本ノード実現に向けたシステムの構想について紹介する（図 8-1 を参照）．現在検討が進められている NI 日本ノードは，新しいメタデータ流通システムの好例と考えられる．

　メタデータは，第 I 部および第 7 章で述べたように，コンテンツの存在を示すプレゼンス属性，コンテンツの所有・利用許諾を示す権利属性，シームレスなコンテンツの流通のためのコンテンツ変換など適合属性，コンテンツの信頼性・品質属性，コンテンツの利用を表現するコンテキスト属性が必要となる．

(1) プレゼンス・メタデータ

　どこにどんなコンテンツが存在するのか，そのコンテンツに到達したり発見したりするには，プレゼンス・メタデータが必要である．デジタルコンテンツにユニークな番号を付与することで，データベース間でのデジタルオブジェクトの一元的管理が可能になる．そうすることによって，どのようなデータをもとに，ど

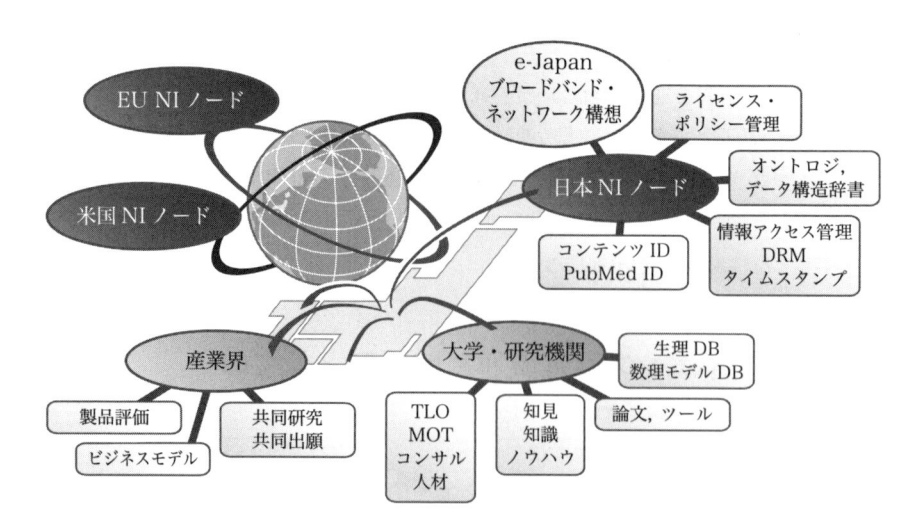

図8-1 NIノードの構成例．インターネットを基盤として，科学技術の振興と国際産官学連携のために，NI学術分野における論文，計算アルゴリズム，ソフトウェア，生理実験データなどのデジタル情報の共有・流通環境を実現することを目的とする．デジタル情報のID，権利管理，用語辞書，アクセス管理，ユーザ認証，情報共有ポリシーのためのメタデータ・データベースの構築を検討している．

のような論文が出版されているかがわかる．また，論文間の引用関係や親子関係などもきめ細かく管理することができる．また，科学技術論文は，先発見・発明を保障するようなタイムスタンプや時刻認証，誰がそれを行ったかを保障する研究者認証が特に重要となる．

(2) アダプテーション・メタデータ

適合属性は，さまざまなコンピュータを用い，それに適合したデータやツールがシームレスに組み込まれ実行されるためのデータ変換を制御するのに用いられる．また，データの記述条件，解析ツールなどの動作条件などを記述するのにも用いられる．例えば，生理実験データの測定条件を共通的に記述しないと，誤った解釈をされる可能性もある．解析や表示ツールについては，同じく動作条件やプラットフォーム条件を共通に記述しなければならない．

(3) コンテキスト・メタデータ

コンテキスト属性は，通信では会議中，出張中，車中などの通信状況を示すのに用いられてきた．また，コンテンツ流通では，個人の趣味や嗜好，必要性などを記述するのに用いられてきた．科学技術情報の共有においては，研究目的や実験，現象の解明に即して，知識や知見，ノウハウ，コンサルティングを必要とする．それに適合するデータ，研究者，論文などを検索するのに用いることができる．

(4) 権利・利用許諾メタデータ

米国でのPublication Modelと呼ばれるガイドラインに見られるように，学術論文が引用され評価されるには，データを保管・共有できる仕組みと，提供者に対するcitation, reward, credit, acknowledgmentなどの権利保護が必要である．論文，データ，ツール，計算モデルを公開する研究者のインセンティブを保障するには，それらの利用許諾条件を自ら宣言する必要がある．

このような，改変や再利用が可能なコンテンツの許諾条件を与えるものとして，CCPL（Creative Commons Public License）がある．科学技術，学術情報流通とその研究者コミュニティにおいては，citation, reward, credit, acknowledgmentなどの利用条件を標準化する必要があろう．いわば，SCPL（Science Commons Public License）のような学術，科学技術のライセンス標準が必要になる．

知見や知識を創出する創造的活動には，膨大なエネルギーと労力が必要になる．したがって，研究者，科学者自らが，これらコンテンツに対する価格付けを行うようにならないといけないだろう．一方，産業界は，知見やノウハウや技術に対して，独占排他的な使用権利を得ることを必要とする．具体的には，共同研究や特許の共同出願，ライセンスの利用契約などを，ITを活用して締結できるような電子契約（e-Contract）が必要になる．NIノードは，こうした研究者，発明者のインセンティブを保障する仕組みが必要である．

(5) クオリティ・メタデータ

品質属性は，コンテンツの内容的な品質保証条件を記述するのに用いる．コンテンツの価格付けは，情報の収集，整理・分析，知見などの付加価値化における品質保証の過程で決まる．引用率による格付け，表彰などのメタデータを記述することによって，信頼というコンテンツの品質を保障できるような仕組みが必要

である．

このように，NI ノードの構築には，コンテンツを識別する ID を含めたメタデータを相互理解できるメタデータ標準が必要になる．IT 時代の学術，科学技術の振興，産官学の連携のためには，研究開発における知的創作，情報の存在，発見，検索，知的財産権の流通，取引，利用に向けたメタデータ標準が重要な役割を果たす．

学術，科学技術分野においても，情報発信がユビキタス時代の情報流通の本質だとすると，すべてのシステムが相互に理解し合えることが必要となる．そうでなければ，科学技術コミュニティとして，研究者が情報発信し，他の研究者と，そしてビジネス開発者との情報交換，共有，コラボレーションが成立しないであろう．

(6) オントロジ変換

NI が極めて多様な世界観に対処しなければならないという問題もある．脳神経系の研究においてはゲノムのようなセントラルドグマは存在せず，研究者がそれぞれ独自の世界観に基づいて現象を捉え，多様な様式で知見を表現している．

そのため，情報はありとあらゆる異なったコンテキストとフォーマットで世界中に散在しているのが現状である．数理モデルについても，研究者は自分の研究に適したシミュレーション言語を用いており，また，個別のプログラムで特殊な計算機環境でしか動作しない場合も多い．したがって，こうしたデータベースの内容を表示し，関連付け，検索するための共有可能な一元的な「オントロジ」（用語の定義とそれらの関連の記述）を定義することが必要とされている．

これがなければ，IT を活用した研究者同士のコミュニケーションや，分野間の融合もできない．研究者コミュニティと産業界との連携も，知識や知恵の流通もできなくなってしまう．脳神経科学のオントロジを，共有可能な客観的部分と個々の研究者の専門的部分に分け，両者の共存を許すシステムが望ましい．

8.5　NRV プロジェクト

海外のこうした動向を鑑み，わが国においても理化学研究所・脳科学総合研究センター（BSI）を中心に，NI に関する調査・検討 [19] が進められてきた．

その後，1999 年，文部科学省の科学技術振興調整費による目標達成型脳科学研究の一つとして，「視覚系のニューロインフォマティクスに関する研究」，NRV プロジェクトが開始された（図 8-2 を参照）．プロジェクトは，脳神経系に関するデータベースとコンピュータ解析支援環境，および個別の知見を記述し統合する数理モデルを核とした，脳神経系の理解と解明を進めるための IT 時代の新しい研究パラダイムを提唱するものである．すなわち，国内外の関係する研究者と分担・

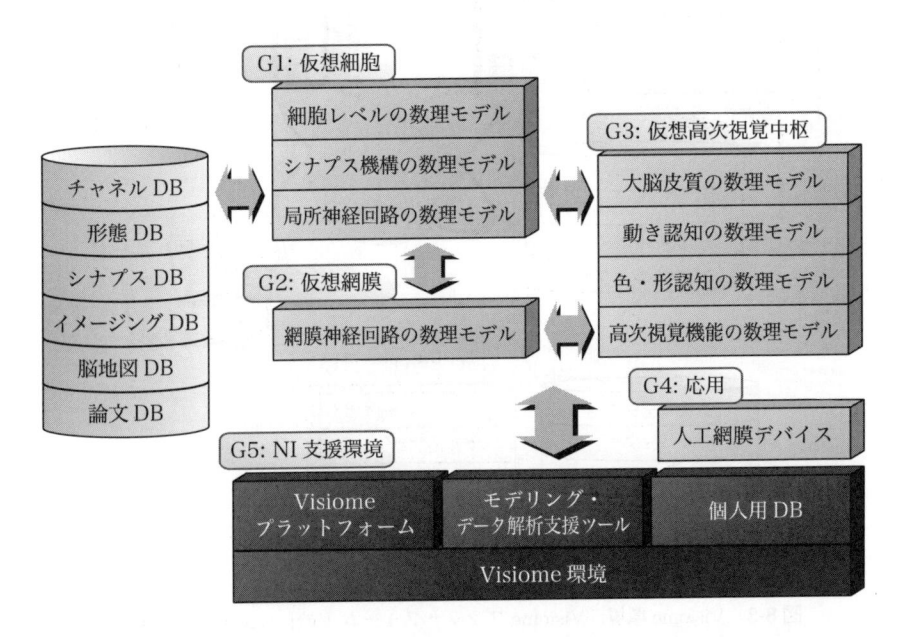

図 8-2　NRV プロジェクトの基本概念．Visiome 環境は，神経科学に関する既存のデータベースと連携をとりながら，細胞生理システム，網膜システム，視覚中枢システムの動的な数理モデル，関連する実験データ，モデル記述，文献，関連情報などをインターネット上に体系化する基盤であり，さらに，こうした研究を支援する数理解析法，シミュレータ，ソフトウェア環境を提供するものである [1][2][3]．

協力しながら，情報ネットワークという仮想空間に仮想動的脳を構築していくことによって，脳神経系のシステム的理解を目指すものである．

NRV プロジェクトでは，脳神経系の中でも比較的知見の豊富な視覚系を対象として，関連する実験的，理論的，情報技術的研究を相互促進的に推進するための NI 研究基盤，Visiome（vision+ome）環境の構築が進められた（図 8-3 を参照）．

すなわち，視覚系に関する細胞レベル，回路レベル，システムレベルの機構や実体を解析し理解するために，脳科学の多様な知見を共通の情報基盤の上に統合し，

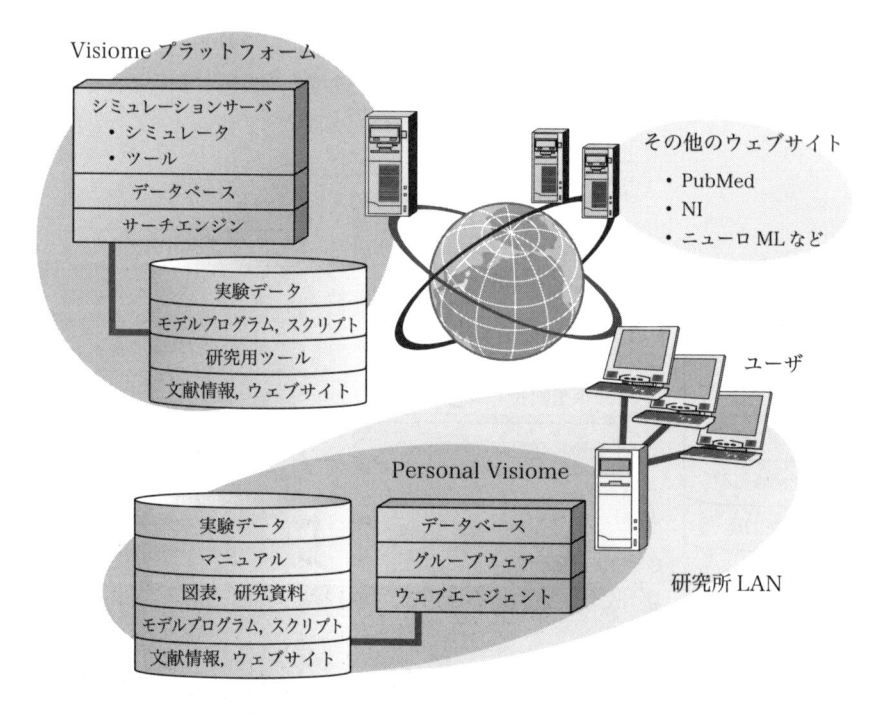

図 8-3 Visiome 環境．Visiome プラットフォーム（http://platform.visiome.org/）には，視覚研究に関する実験データ，モデルプログラム，文献情報などが集約されており，インターネットを通じてこれらにアクセスできる．モデルプログラムは，シミュレーションサーバ上でシミュレーションできる．Personal Visiome は，Visiome プラットフォームと連携した研究室レベルで使用できるシステムである．研究室の情報資源を一元的に管理するだけではなく，Visiome プラットフォーム，および，他のサイトなどからの情報を自動的に集積し，ユーザに知らせるエージェント機能をもつ [20]．

その数理モデルを構築することによって，具体的に，知見の蓄積・統合・共有を学際的，国際的に進める研究基盤を確立し，脳神経科学と情報科学・技術を融合した NI 研究基盤の確立，およびこれに基づく視覚系の NI の展開を目指している．

また，モデリングやシミュレーション環境，データ解析環境，モデルデータベースなど，研究を推進する上で不可欠な研究基盤要素についても議論がなされ，Visiome 環境の基本構想 [1] を実現すべく，その仕様の策定と試作，検討，システム開発が行われ，現在，http://platform.visiome.org/ で公開・運用されている [20]．

Visiome 環境

NI とは，神経科学におけるわれわれの知識を系統立てて共有するのに必要な，枠組みや環境を作るための学問領域である．このような知識の共有は，従来，主に学術論文というスタティックな形で行われてきた．

最近では，全文を PDF ファイルとしてダウンロードできる論文誌も多い．さらに，オンラインジャーナル検索（例えば，Research Medical Library [21]，Univ. of Texas, MD Anderson Cancer Center）や，個別にカスタマイズしたキーワードを指定して電子メールアドレスを登録すると，条件にマッチした論文が出るたびにメールで知らせてくれるアラートサービスもある（例えば，British Medical Journal オンライン版 [22]）．

こうした学術論文の役割が今後も重要であることに変わりはないが，情報技術の発展により，これまで困難だった実験データや関連情報についても電子的な共有が可能になってきた．

例えば，従来，実験データはグラフ化し，図として論文に貼り込んだ．また，数理モデルは数式として記述されていた．したがって，自分なりの解析や検証・追試などにこれらを再利用することは極めて難しかった．特に数理モデルを扱った論文では，多くの場合，数式やパラメータ値に記述もれがあり，記載されている情報だけではほとんど追試できないのが現状である．

こうしたことは，本来査読者が責任をもって確認すべきことであるが，現状ではそれを可能にするインフラが整備されていないため，致し方ないことであろう．Visiome プラットフォームは，そうした情報を電子化し，インターネット上で提供するためのウェブベースの研究支援環境である．すなわち，Visiome プラットフォームは，論文情報だけではなく，論文のもとになった研究に関連する情報を公

開し共有できる形で継続的に保持することを目的としている．開発中の Visiome プラットフォームで提供されるコンテンツは以下の項目からなっている．

① 論文情報（Historic，Review，研究論文），書籍情報（Historic，教科書）
② 研究論文情報（実験データ／数理モデル付き）
③ データ（実験データ，モデルプログラム，解析ツール，イメージ，ムービーなど）
④ 教育用リソース（プレゼンテーション資料，ムービーなど）
⑤ 研究関連情報（URL，ニュース，掲示板など）

登録された情報は階層的なキーワードインデックスによって閲覧や検索が可能である．

この種のシステムでは情報の登録に手間がかかる場合が多いが，この難点を克服するため，論文情報については PubMed [23] が定義する論文の固有 ID のみを入力すれば，著者名や論文タイトルのほか，すべての書誌情報が自動的に入力される機能が用意されている．

また，個々の研究者，研究室が保有する多くの論文 PDF ファイルの検索・管理システムとしても利用できる．これは検索結果の論文リストに自分が保有する論文ファイルへのリンクを自動的に埋め込むことで実現している．

データ，モデルを記述したスクリプトやソースコードなどについても，検索とダウンロードが可能である．さらに Visiome プラットフォームに連携して機能する二つのシステムが用意されている．

一つはシミュレーションサーバで，登録された数理モデルや実験データの試用・閲覧，および教育・実習などの目的に簡単に利用できるように，手もとのウェブブラウザを通じて数理モデルの計算やデータの可視化を遠隔地にあるサーバで実行させることができるようになっている．

もう一つは Personal Visiome である．このシステムはフリーソフトウェアのみを使用し，標準的な PC にインストール可能な，個々の研究者・研究室のためのデータベースシステムである．発表前のデータや，著作権その他の理由で公開できない種々のファイルを，Visiome プラットフォームと同様のウェブベースのインタフェースによって管理できるシステムである．

なお，Visiome プラットフォームは，視覚系の研究支援環境としてシステムを実

装し内容を充実させてきたが，階層的インデックスとコンテンツを入れ替えることで，他の研究分野での利用も可能である．

8.6　NI基盤技術

NRVプロジェクトを進める中で，NIにおけるいくつかの基本的な問題が認識された．それはNIが極めて多様な世界観に対処しなければならないということである．

神経系はミクロの機能分子から構成されたシステムではあるが，精神現象など神経系の司る機能は，神経系を単なる分子の集合とみなして理解するには，あまりに複雑である．また，神経系の研究においては，ゲノムのようなセントラルドグマは存在せず，研究者がそれぞれ独自の世界観に基づいて現象を捉え，多様な様式で知見を表現している．

そのため，情報はありとあらゆる異なったコンテキストとフォーマットで世界中に散在しているのが現状である．例えば細胞電位応答やスパイク時系列データ，光学的手法で得られたイメージングデータなどのフォーマットは研究者の数ほどあり，その標準化は極めて困難である．

数理モデルについても，研究者は自分の研究に適したシミュレーション言語を用いており，また，個別のプログラムでは特殊な計算機環境でしか動作しない場合も多い．したがって，こうしたデータベースの内容を表示し，関連付け，検索するための，共有可能で一元的な「オントロジ」（用語の定義とそれらの関連の記述）を定義することは極めて困難である．そうした無理な標準化をすることなくデータベースの内容を可視化し，関連付け，検索する技術が必要とされている．すなわち，神経科学のオントロジを，共有可能な客観的部分と個々の研究者の専門的部分に分け，両者の共存を許すシステムが望ましい．

また，ウェブ上や研究者の手もとに散在する研究情報を集約する上でも，プラットフォーム上で共有管理される情報を検索する上でも，データマイニングおよびデータベース可視化技術が必要である．特に，ウェブ上では自律・分散的に世界中の研究者が独自のウェブページで情報を開示していることから，ウェブそのものが超大規模のデータベースと考えられ，その利用は研究者の処理能力をはる

かに超えたスケールとなっている．最近，そうした情報源から発見的に有効な知識を抽出するデータマイニングや Web Intelligence 技術が注目されている．データベースから統計的機械学習によって得られる知識発見が可能になれば，オントロジを自動構築でき，専門家の知識とは異なる新たな知識を見出せる可能性も秘めている．こうして研究者個々人の知識を共有化し，各分野の知的財産として確保できれば，研究・開発が促進され，知識の継続的な活用と継承が可能になる．

8.7 おわりに

NI の目的は，最終的には超複雑系としての脳に関する情報を集積し，数理モデルによる仮想動的脳のシミュレーション研究を可能にする新たな脳科学研究基盤を確立することにある．神経細胞における電位変化，濃度変化や形態変化はミリ秒領域の極めて遅いものである．それにもかかわらず，脳はギガフロップスのスーパーコンピュータを凌駕する情報処理能力を有する．NI の成果として得られる神経科学データベースは，高度医療技術の開発や創薬などの医療分野のみならず，新しい脳型情報処理原理の解明とその工学的実現のためのアイデアの宝庫となることが期待され，新たな産業分野の創出にも寄与するものとなろう．

NRV プロジェクトの目的は，Visiome プラットフォームをもとに，それを脳科学全域に対象を拡充するための基盤，基本技術を確立することにあり，今後の展開と整備が不可欠である．すなわち，NI は極めて多様な情報資産に対応しなければならないところに大きな特徴があり，コンテンツの継続的な更新と最新のウェブデータベース技術の導入によって，これまでにない汎用の情報共有モデルが得られると期待される．この新しい情報共有モデルは，脳科学のみならず，他の研究領域のインフォマティクス構築にも直ちに応用可能である．

NI は脳の機能を解明するだけではなく，コンピュータシミュレーションによって，その機能を再現し，それらの成果を生かして人工知能を構成し情報工学的に応用するという幅広い科学技術・工学技術領域を包含している．このような研究はわが国の情報産業へのインパクトも大きいと考えられることから，産業界の期待も大きい．

現在，OECD 主要国を中心に NI ネットワークノードを設置し，データ共有環境

を構築する計画が進んでいる．ネットワークはEU，米国，アジアの3極構造モデルが考えられている．各地域の国はそれぞれの極の傘下にノードを設置することになる．このようなネットワーク構成を積極的に推進し，そのリーダシップをとるためには，わが国のノード設置計画を具体的に策定し，それを世界に提案していくことが肝要である．

個別の学術情報，科学技術情報の共有・流通基盤が整備されていき，将来，e-Japan/u-Japanとしての機能ノードが，ITとメタデータを活用することで，国家戦略的に統合できれば，学術分野の融合や，産業界との連携を可能とする産官学連携のサイエンス情報流通基盤（SII）となるだろう．それが，SIIと呼べるようなe-Japan/u-Japan情報基盤を形成していくことになるであろう．

参考文献

[1] 臼井支朗・甘利俊一：『脳の科学』，24(1)，pp.11–17，2002.

[2] 臼井支朗：『生体の科学』，54(5)，pp.436–442，2003.

[3] Usui S: *Neural Networks*, 16(9), pp.1293–1300, 2003.

[4] Final Report of the OECD Megascience Forum Working Group on Biological Informatics, January 1999 (http://www.oecd.org/dataoecd/24/32/2105199.pdf).

[5] Amari S, Beltrame F, Bjaalie JG, Dalkara T, Schutter ED, Egan GF, Goddard NH, Gonzalez C, Grillner S, Herz A, Hoffmann KP, Jaaskelainen I, Koslow SH, Lee SY, Matthiessen L, Miller PL, Silva FMD, Novak M, Ravindranath V, Ritz R, Ruotsalainen U, Sebestra V, Subramaniam S, Tang Y, Toga AW, Usui S, Pelt JV, Verschure P, Willshaw D, Wrobel A: *Journal of Integrative Neuroscience*, 1, pp.117–128, 2002.

[6] Report on Neuroinformatics from the Global Science Forum Neuroinformatics Working Group of the Organization for Economic Co-operation and Development June 2002 (http://www.oecd.org/dataoecd/58/34/1946728.pdf).

[7] Human Brain Project (http://www.nimh.nih.gov/neuroinformatics/index.cfm).

[8] Human Brain Project Database (http://ycmi-hbp.med.yale.edu/hbpdb/).
[9] NIH Data Sharing Policy (http://grants.nih.gov/grants/policy/data_sharing/).
   NIH HBP Neuroinformatics: "Principles of Data Sharing in Neuroscience" (http://www.nimh.nih.gov/neuroinformatics/guidelines.cfm).
[10] Presented at the 2003 Human Brain Project Annual Meeting that explore multiple aspects of data sharing (http://datasharing.net/).
   - Data Sharing I: Principles of Data Sharing
   - Data Sharing II: Standards and Practices for Interoperability
   - Data Sharing III: Tools and Techniques to Advance Interoperability
   - Data Sharing IV: Ethics of Data Sharing
[11] The OECD Working Group on Neuroinformatics: *Neuroinformatics*, 1, pp.149–166, 2003.
[12] http://www.neuroinf.org/
[13] MRC Statement on Data Sharing and Preservation Policy (http://www.mrc.ac.uk/index/strategy-strategy/strategy-science_strategy/strategy-strategic_implementation/strategy-data_sharing/strategy-data_sharing_policy-link).
[14] EPFL Brain Mind Institute (http://sv.epfl.ch/sv_LNMC.html).
[15] NeruoIT.net (http://www.neuro-it.net/).
[16] EU-US Workshop: Databasing the Brain (http://www.nesys.uio.no/Workshop/).
[17] http://www.nbrc.ac.in/index.html
[18] http://bsrc.kaist.ac.kr/new/english/main.htm
[19] http://www.brain.riken.go.jp/reports/neuroinform/index.htm
[20] 臼井支朗・池野英利：『日本神経回路学会誌』, 11(4), pp.193–199, 2004.
[21] Research Medical Library (http://www.mdanderson.org/library/).
[22] British Medical Journal オンライン版 (http://bmj.com/).
[23] PubMed (http://www.pubmed.gov/).

(臼井 支朗，曽根原 登)

第9章

電子政府

メタデータ技術の適用が比較的進んでいる応用分野に電子政府がある．本章では積極的に対応している英国，オーストラリア，米国の事例から，電子政府へのメタデータの適用形態と電子政府メタデータ標準の実際について説明する．最後に日本の状況に触れる．

9.1 英国の動向

IT分野で立ち遅れていた英国は，ブレア首相のトップダウンで1997年から行政情報の電子化に取り組み，1999年には内閣府にOffice of the e-Envoyを設置して電子政府を推進している．2001年5月にはe-GMF（e-Government Metadata Framework）[1]として，公的部門にあまねく適用するメタデータ標準の開発と実施に関する政策を発表した．

> 情報は経済発展の原動力になるとともに政府の重要な資産であるので，正しい情報に速く行き着けることは行政の効率化のみならず市民サービスとしても重要であり，メタデータがそれを実現する有力な手段になる．

この認識に立ち，e-GMF は，政府の方針として公共部門にまたがるメタデータ標準を開発・実施し，すべての情報システムにそれを適用することを謳っている．

　e-GMF の策定方針は以下のようなものである．

- ダブリンコアを英国政府の電子政府メタデータ標準 (e-GMS：e-Government Metadata Standard) [2] に採用すること
- 行政情報を扱うためにダブリンコアに必要な追加・詳細化を行うこと
- 英国汎政府シソーラス（同義語辞典）とカテゴリリストを開発すること
- GovTalk ウェブサイト [3] を e-GMF の実装拠点とすること

　最近では，英国政府はメタデータ化から IT 化に重点を移しつつあり，その政策は e-GMF を拡張した e-GIF (e-Government Interoperability Framework) [4] に現れている．e-GIF は政府と公共部門間の情報フローを統制するための技術政策と仕様を定めるものであり，その主眼はすべての政府系システムにインターネットとウェブの仕様を適用することにある．基本ポリシーとして，e-GMF での決議に加えて，インターネットと整合させること，XML を採用すること，ユーザインタフェースはブラウザを基本とすることを定めており，これらを e-GIF 準拠の条件としている．e-GIF 仕様はインターオペラビリティ，市場サポート，スケーラビリティ，オープン性の観点から審議・採択され，e-GIF のスコープは英国政府システム間の情報交換にとどまらず，英国政府と国民，英国政府とビジネス，英国政府と諸外国政府との情報交換やインタラクションに及んでいる．

　e-GIF および e-GMS は，国際的にも注目されており，欧州 IDA (Interchange of Data between Administrations) プログラム [5] では，欧州標準のメタデータセットとして e-GMS をベースとした MIReG (Managing Information Resource for e-Government) [6] を策定している．これは e-GMS と同様の内容になっており，e-GMS の EU 版と言うことができる．

9.1.1 英国電子政府におけるメタデータ

e-GMSでは，電子政府に適用するメタデータの「要素」を，まずはダブリンコアの15要素で構成し，さらにそれを補完するものとして，「要素」をより細かくブレークダウンした「サブ要素 (element refinement)」と，各要素の値を記述するフォーマットを規定する「符号化スキーム (encoding schemes)」を追加して最終構成としている．また，各要素には，必須／推奨／オプションといった義務表示を付け，義務表示は環境変化に応じて変更あるいは消去することとしている．

e-GMSは以下の七つの要件を満たすように開発された．

① 独立性 (特定のソフトウェア，アプリケーション，プロジェクトに依存しない)
② シンプル性 (リソース記述における経験レベルによらず，誰でもすぐ使える)
③ 他標準との整合性 (英国電子政府の他標準，EU標準，国際標準に準拠する)
④ 安定性 (現在から将来にわたるニーズにかなう柔軟なもの)
⑤ 拡張性 (「サブ要素」の追加は必須場合のみとし，安定性とのバランスを保つ)
⑥ 価値性 (経済的で，金額に見合う価値がある)
⑦ 包括性 (既存メタデータ機構が使えれば再利用し，相互運用を図る)

e-GMSの開発・実装にあたっては，UK GovTalkウェブサイトがメタデータフレームワークに関するあらゆる議論や情報共有のためのフォーラムを提供し，e-GMFの実装戦略を支援するためにも利用される．UK GovTalkにインプットされたコメントは政府内で議論され，有用なものはRequest for CommentsとしてUK GovTalkに公示される．提案内容が革新的な解を必要とする場合は，政府は提案要求を発行し，世界中の産業界に解を求める．さらに専門家の意見を聞く場合もある．変更のプロセスを図9-1に示す．e-GMFの管理と実装については，内閣府のOffice of the e-Envoyが全責任を負っている．

e-GMSは政府内のすべての部局のシステムに適用され，さらに英国政府内の部局間同士，英国政府と公共部門，英国政府と外国政府，英国政府とビジネス・国民との間のインタラクションに適用される．標準を遵守するルールは，以下のとおりである．

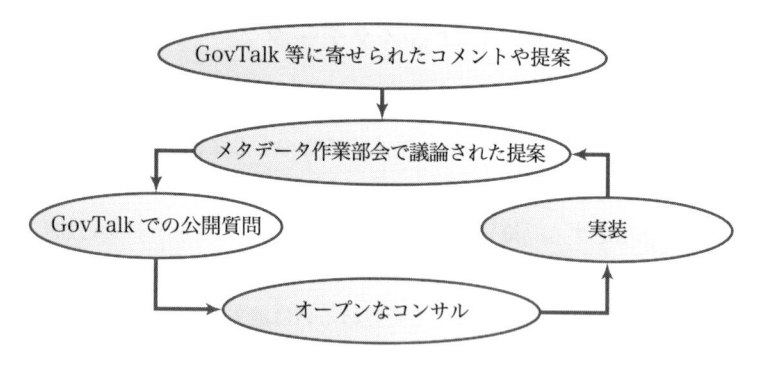

図 9-1 仕様変更のプロセス

- すべての新規システムには e-GMF が必須
- 既存システムのうち，電子的なサービス提供の一部，もしくは電子的な記録管理の一部を担うシステムは e-GMF の遵守が必要

e-GMS は全般的な標準であって，英国電子政府で必要となる要素およびサブ要素のスーパーセットになっている．一つのシステムがこれらすべての要素とサブ要素を必要とすることは考えにくいので，ローカルな実装に有用な要素だけを使い，e-GMS を切り出したローカル標準を作ることを推奨している．ローカル標準では，内部利用のためだけの自由記述を追加することや，e-GMS を簡略化することも許している．

9.1.2 e-GMS の規定内容

e-GMS 第 3 版（2004 年 4 月 29 日）[2] に規定された内容を紹介する．

前述のように，電子政府メタデータ標準はダブリンコアの 15 要素を出発点とし，電子政府の要求条件に応じて要素を追加・削除するとともに，サブ要素や符号化スキームを必要に応じて規定したものである．

表 9-1 に e-GMS が規定している 25 個の要素のすべてについて，その要素名，定義，義務表示を示す．義務表示が必須または推奨となっている 10 要素は以下のとおりである．

表9-1 メタデータ標準仕様

要素名	定　義	義　務
Accessibility	資源の利用可能性	利用可能時必須
Addressee	資源の宛先となる人（たち）	オプション
Aggregation	ハイアラーキにおける資源のレベルや位置付け	オプション
Audience	資源の利用者のカテゴリ	オプション
Contributor	資源の内容に寄与した責任主体	オプション
Coverage	資源内容の範囲や領域	推奨
Creator	資源内容の作成における一義的な責任主体	必須
Date	資源のライフサイクルにおけるイベントに関する日付	必須
Description	資源内容の説明	オプション
Digital Signature	未	オプション
Desposal	資源の保存と処理	オプション
Format	資源の物理的あるいはデジタル表示形式	オプション
Identifier	与えられたコンテキストでの資源の一義的な識別子	必須（IA）
Language	資源の知的内容の言語	必須
Location	資源の物理的場所	オプション
Mandate	資源を制作した正式な命令	オプション
Preservation	資源の長期保存を支援する情報	オプション
Publisher	資源を利用可能とする責任主体	必須（IA）
Relation	関連する資源の参照子	オプション
Rights	資源に内在するあるいは取り巻く権利に関する情報	オプション
Source	現在の資源が引き出された資源の参照子	オプション
Status	資源の位置付けあるいは状態	オプション
Subject	資源内容のトピック	必須（CR）
Title	資源に付けられた名前	必須
Type	資源内容の性質やジャンル	オプション

IA：If Applicable，CR：Category Refinement

表 9-2　Creator

定義	資源内容の作成における一義的な責任主体
義務	必須
目的	ある特定の個人や組織によって書かれた，あるいは準備された資源を利用者が見つけることを可能にする．
混乱を避けるために	Publisher —— Creator は，資源の知的な，あるいは創造的な内容について責任をもつ．Publisher は資源を利用可能とする人または組織を指す．例えば，この政策はなぜ作られたのか，あるいはどのように実装されるのかを知りたければ Creator に聞けばよい．これに対して，この資源のコピーをとったり，著作権について知りたければ，Publisher に聞くことになる．多くの場合，Publisher と Creator は同一である． Contributor —— Creator は，資源の知的な，あるいは創造的な内容について責任をもつ人または組織である．Contributor は，内容に関しては重要な役割を果たしたが，一義的あるいは全体の責任をもつものではない．
詳細化	該当なし
例	（ア）内容について主要な責任が副局長にある資源に対しては， Creator: The Cabinet Office, Office of the e-Envoy, Technology Policy, Assistant Director, ukgovtalk@e-envoy.gov.uk （イ）会議の議事録について，議事録秘書が作成したが，その内容については議長が責任をもつ（議事録秘書は Contributor になる）場合は， Creator: Manchester City Council, Community Regeneration Team, Community Regeneration Committee, Committee Chair, crt@manchester.gov.uk （ウ）外部のコンサルが用意した資源に対しては， Creator: ConsultGov Ltd, Consultant, info@consultgov.co.uk
HTML シンタックス	（ア）<meta name="DC.creator" content="The Cabinet Office, Office of the e-Envoy, Technology Policy, Assistant Director, ukgovtalk@e-envoy.gov.uk"> （イ）<meta name="DC.creator" content="Manchester City Council, Community Regeneration Team, Community Regeneration Committee, Committee Chair, crt@manchester.gov.uk">
符号化スキーム	政府データ標準カタログ (http://www.govtalk.gov.uk/gdsc/html/default.htm)
対応	• DC — Creator • AGLS — Creator • GI Gateway — Originator • IEEE LOM — Lifecycle.ContributeEntity

表 9-3　Title

定義	資源に付けられた名前
義務	必須
目的	特定のタイトルにより，利用者が資源を発見する，あるいはより正確な検索を可能にする．このタイトルは，検索結果のリストにおいて鍵となる参照点として，共通的に用いられる．
注	Titleは公式的な名前でなければならない．資源が公式的なタイトルをもっていないときは，意味のあるタイトルを付けることを推奨する．メタタグは利用者中心であるべきであり，巧妙で覚えやすいといったものより，短くて意味のあるものにしなければならない．
混乱を避けるために	該当なし
詳細化	Alternative Title ── 資源の正式なタイトルに対して，サブタイトルあるいは代替として使われるあらゆる形式のタイトル
例	（ア）　非公式であまり参考にならない表題の付いた電子メールの場合 　　　　title: ZitKWik application demonstration 2002-09-12 　　　　title.alternative: Software Demo Thursday （イ）　非公式なタイトルでよく知られた文書 　　　　title: The Stephen Lawrence inquiry; report of an inquiry by Sir WilliamMecphereson of Cluny 　　　　title.lternative The Macpherson report （ウ）　同じタイトルで複数のバージョンをもつ一連の項目（すべて"Tax return guidance"と呼ばれる長い項目リストより，このほうがずっとわかりやすい） 　　　　title: Tax return guidance 2002 　　　　title: Tax return guidance 2003 　　　　title: Tax return guidance 2004 　　　　title: Tax return guidance 2005
HTMLシンタックス	<meta name="DC.title" content="e-Government Metadata Standard version 2"> <meta name="DC.title.alternative" content="e-GMS 2">
符号化スキーム	該当なし
対応	● DC ── Title ● AGLS ── Title ● GI Gateway ── Title; Alternative.title ● GILS ── Folder title; Document.title ● IEEE LOM ── General.title

① 必須要素

Creator（制作者），Date（日付），Subject（主題）または Category（カテゴリ），Title（タイトル）

② 適用可能な場合の必須要素

Accessibility（アクセシビリティ），Identifier（識別子），Publisher（発行者）

③ 推奨要素

Scope（範囲），Language（言語）

表 9-2，9-3 に，e-GMS で必須に分類されているメタデータ要素のうち，Creator，Title の規定内容の詳細を示す．

9.2 オーストラリアの動向

オーストラリアは電子政府の導入においては世界の先進国である．電子政府の進展度は，2002 年のアクセンチュア調査では 23 か国中 4 位，2002 年の国連調査では米国に次いで 2 位，2001 年の世界市場調査センターの調べでは 196 か国中 3 位にランクされている [7]．

1997 年に当時のハワード首相が，2001 年 12 月までに政府機関のすべてのサービスをオンライン化することを表明し，実際にそれを実現させた．その後，情報管理戦略委員会（IMSC）を設立して，ICT を利用したサービスやアプリケーションを政府のみならず国民やビジネスに向けて展開している．

オーストラリア政府が掲げる "Better Services, Better Government" [7] は，

① 効率の向上と投資のリターン
② 政府サービスおよび情報への便利なアクセス
③ 利用者ニーズに対応したサービスの提供
④ 関連サービスの統合
⑤ ユーザとの信頼関係構築
⑥ 国民とのより身近な関わり合い

の六つを目標としている．

メタデータは電子政府を実現させる上で重要な技術であるとされ，AGLS

(Australian Government Locator Standard) [8][9] と呼ばれるメタデータ標準を2002年末に策定した．2001年10月にNOIEが行った調査によると，77%の政府機関が70%以上のリソースにメタデータを適用し，その半分が検索可能になっている [7]．また，これらのパーセンテージは，直前の半年間で15%以上伸びたことが判明している．

AGLSメタデータ標準は2部構成になっており，第1部「参照記述」[8] はメタデータ要素と限定子の定義，第2部「利用ガイド」[9] はAGLS標準の具体的な利用方法と実装の仕方に対する助言を記述している．

AGLSメタデータは19個の要素を規定しており，そのうちの5個（Creator, Title, Date, SubjectまたはFunction, IdentifierまたはAvailability）は必須要素になっている．AGLSはダブリンコアをベースとしており，実際，AGLSの19個の要素はダブリンコアの15要素にオーストラリアの状況に合わせた4要素を付け加えたものである．しかし，AGLSとダブリンコアは基本的なところでいくつかの違いがある．第一に，AGLSはオンライン資源（ウェブページやネットワーク上の情報資源）だけではなく，オフライン資源（本，博物館の展示品，絵画，紙ファイルなど）にも適用可能である．第二に，AGLSは情報資源だけではなく，サービスや組織についても記述できるように設計されている．第三に，AGLSは限定子の使い方がダブリンコアと違っており，また必須要素を特定している点でもダブリンコアと異なっている．

9.3 米国の動向

米国は情報を効率的に探すためGILS（Global Information Locator Service）[10][11][12] というメタデータ標準を策定している．GILSはその名のとおり，情報のありかを教えてくれるものである．情報が必要だが，誰がもっているか，どうしたら入手できるかがわからないときに，いわば道先案内をしてくれるのがGILSである．GILSは，元来は図書館情報サービスのコミュニティのために開発されたもので，米国連邦政府はGILSの早期からの採用者という位置付けである．連邦政府は，政府情報に国民がアクセスするのをサポートするためにGILSを利用している．

9.3.1 GILSの概念

GILSが開発された背景には，「インターネットで情報を探すのは図書館で本を探すようにはいかず，そもそも標準的な方法ができていない」という認識がある．GILSは，ラベル付けされた情報を探すために成熟した国際標準を採用している．GILS標準は，特定のフォーマットを強制せず，中心となるオーソリティをもたず，他と固定的な関係をもつこともない．世界中の団体や組織がそれぞれのやり方でロケータを提供することができ，GILSに準拠していれば，それらを直接に利用することができる．

GILSでは，メタデータを「情報を特徴付けるもの」と位置付けている．情報を特徴付けるものは山ほどあるが，いつも共通なのは「タイトル，著者，主題，日付，場所」である．しかし，本の「タイトル」は，ニュースでは「ヘッドライン」，メールでは「サブジェクト」に相当するので，関連する概念の中から等価なものを探す「意味的マッピング」が重要になる．GILSは，情報を発見することは，必要とする情報を記述した「ロケータレコード」(以下，所在記録)を見つけることと等価であるという認識に立っている．所在記録は，その形式や内容ではなく，利用によって定義されるもので，インターネットアドレスのような単純なものから，利用ガイドのように複雑なものまである．GILSは "information locator service" を利用するための標準化されたインタフェースを提供し，GILSのユーザとしては，コンテンツプロバイダ，情報提供の仲介者，情報探索者，ソフトウェア会社などを想定している．

9.3.2 GILS技術の概要

情報探索の国際標準はISO23950 "Information Retrieval Application Service Definition and Protocol Specification for Open Systems Interconnection" であり，全文検索や大規模で複雑な情報収集をサポートする．

GILS標準は，ISO23950の国際標準プロファイルの一つであり，探し方と結果の返し方をどのように表現するかを規定する．GILSはインターネット上のクライアント・サーバモデルにおいてサーバ側のインタフェースを規定し，このインタフェースにおいてGILS準拠のサーバはクライアントソフトと連携する．どのようなオペレーション環境でも動作でき，GILSインタフェースはデータベースや検

索エンジンとも独立である．

　GILS は，クライアント・サーバ仕様になっていて，3 種類のクライアント要求メッセージ（Init/Search/Present）に対するサーバ応答を規定する．また，GILS 準拠は，日付・単語・句に対する通常の比較オペレーション（<，>，=；Less Than，Greater Than，Equal）を要求する．さらに，サーバが 9 種類の概念（Title，Originator，Distributor，Record Source，Subject Terms-Controlled，Subject Terms-Uncontrolled，Date Last Modified，Any，Local Number）を処理できることを要求する．

　GILS プロファイル標準が探索に使う「利用属性」（各属性の意味は ISO Basic Semantic Registry に登録されている）を表 9-4 に示す．例えば，"USGS" をタイトルに含む文書を探すには，検索要求は Use に「タイトル（Title）」を，Structure に「単語（Word）」を，Relation に「等しい（Equal）」をそれぞれ指定する．

表 9-4　利用属性

Use	Structure	Relation
タイトル	単語，単語リスト	等しい
ローカル番号	単語，単語リスト	等しい
制作者	単語，単語リスト	等しい
最終修正日	日付	以降
記録ソース	単語，単語リスト	等しい
配給者	単語，単語リスト	等しい
制御された主題 語彙	単語，単語リスト	等しい
制御されていない主題 語彙	単語，単語リスト	等しい
何でも（Any）	単語，単語リスト	等しい
どこでも（Anywhere）	単語，単語リスト	等しい
西境界座標	座標	未満，以下，等しい，以上，等しくない
東境界座標	座標	未満，以下，等しい，以上，等しくない
北境界座標	座標	未満，以下，等しい，以上，等しくない
南境界座標	座標	未満，以下，等しい，以上，等しくない

9.4 日本の動向

　2005年4月に公開されたアクセンチュアの調査結果によると，日本の電子政府は，成熟度（電子化や情報システム化の度合い）では世界第5位であるものの，電子政府に対する国民の期待は小さく，インターネットの利用率に対する電子政府の利用率が諸外国に比べて著しく低いという結果になっている [13]．

　電子政府・電子自治体は，2002年のe-Japanプログラムにおいて重点課題の一つに位置付けられ，行政情報の電子的提供，申請・届出など手続きの電子化，政府調達の電子化などが目標に掲げられた．その後，行政ポータルサイトとしての電子政府総合窓口（e-Gov）が設けられ，e-Govを活用した手続きのワンストップ化（各府省の電子申請受付機能をe-Govに統合し，複数申請の一括提出を可能とする）やオンライン利用の促進が図られている．また，共通システムとして，中央省庁や全国の自治体を結ぶ行政ネットワーク（霞ヶ関WAN，LGWAN）や認証基盤（PKI）の構築が進められ，住民基本台帳ネットワークシステムも運用を開始して，本人確認サービスや住基ICカード利用サービスが提供されつつある．一方，電子調達に関しては，インターネット技術を利用した電子入札・開札を実施するなど，政府調達手続きの電子化が図られ，調達に際して推奨すべき暗号のリストを作る作業が進められている．

　このように，日本における電子政府の推進は，申請・届出等の手続きのオンライン化のためにセキュアなシステムを構築し運用することに重点が置かれ，行政情報の提供に関しては，各種行政分野に関わる情報をインターネットで提供するために，行政ポータルサイトの整備・充実が図られている程度である．それも，各省共通掲載項目の見直しやホームページ上の表示位置の整合性確保，e-Govにリンクする地方公共団体のホームページの拡大といった内容であり，メタデータを利用した行政情報の高度利用や効率的検索は重点課題とはなっていないのが現状である．

9.5 おわりに

電子政府におけるメタデータの利用について，英国，オーストラリア，米国を中心に動向を紹介した．実際の現場でメタデータがどの程度の効用を発揮したか，導入効果はどうであったかは必ずしも明確ではない．実際の導入効果を数値化したり評価したりすることは難しいが，海外各国の取り組みにおいてメタデータが有効なツールとして採用されており，今後の動向が注目されるところである．

参考文献

[1] Cabinet Office, Office of the e-Envoy, "e-Government Metadata Framework", May 2001.

[2] Cabinet Office, Office of the e-Envoy, "e-Government Metadata Standards", Version 3.0, 29 April 2004.

[3] http://www.govtalk.gov.uk/

[4] Cabinet Office, Office of the e-Envoy, "e-Government Interoperability Framework", Version 6.0, 30 April 2004.

[5] European Committees, Enterprise DG, Interchange of Data between Administrations, "Architecture Guidelines for Trans-European Telematics Networks for Administrations", Version 6.1, June 2002.

[6] http://europa.eu.int/idabc/en/document/2361/5644/

[7] "Better Services, Better Government: The Federal Government's e-Government Strategies", Commonwealth of Australia, November 2002.

[8] National Archives of Australia, "AGLS Metadata Element Set, Part 1: Reference Description", Version 1.3, Dec. 2002.

[9] National Archives of Australia, "AGLS Metadata Element Set, Part 2: Usage Guide", Version 1.3, Dec. 2002.

[10] "GILS Overview – ideas behind the GILS approach" (http://www.gils.net/overview.html).

[11] "GILS Technical Overview – details for implementing GILS" (http://www.

gils.net/overview.html).

[12] "Application Profile for the Government Information Locator Service (GILS)", Version 2, Nov. 1997 (http://www.gils.net/prof_v2.html).

[13] CNET Japan：「日本の電子政府利用率は 35% と低い —— アクセンチュアが世界 22 カ国を調査」, 2005 年 4 月 12 日 (http://japan.cnet.com/news/biz/story/0,2000050156,20082647,00.htm).

（川原崎 雅敏）

第 10 章

学術情報流通とメタデータ

10.1 はじめに

　RSS を利用したウェブサイト情報の発信が活発に行われるようになった．代表的な用途としては，ニュースサイトなどによる新着ニュース記事情報の配信がある．配信される情報はニュース記事のヘッドライン（タイトル，内容概要，日付など）に相当するメタデータと記事本体の URL が中心である．インターネット利用者は，RSS リーダなどを用いて最新記事のヘッドラインをキャッチし，これを手がかりに関心をもった記事本文にアクセスできる．

　資源発見（resource discovery）のためのメタデータは，このように情報の送り手からの広告として機能し，集客の手段として働く．学術情報の領域にあっても同様の事情がある．本章では，大学などにおける電子論文アーカイブである機関リポジトリ（institutional repository）とメタデータ交換技術 OAI-PMH（Open Archives Initiative Protocol for Metadata Harvesting）を取り上げ，学術コミュニケーションにおけるメタデータ流通と利用者誘導の新たな枠組みについて解説

する．

　国立大学図書館協議会（当時）によれば，機関リポジトリは「大学および研究機関で生産された電子的な知的生産物を捕捉し，保存し，原則的に無償で発信するためのインターネット上の保存書庫である．学術機関リポジトリに含まれるコンテンツとしては，学術雑誌掲載論文，灰色文献（プレプリント，ワーキングペーパー，テクニカルペーパー，会議発表論文，紀要，技術文書，調査報告等），学位論文，教材などが考えられる」とされる [1]．

　以下，10.2 節では機関リポジトリという考え方が生まれてくる背景となった昨今の学術情報流通の変容について，10.3 節では国外・国内の研究機関における機関リポジトリ整備の現況について概観し，10.4 節では国内の機関リポジトリが用いるメタデータとして国立情報学研究所が提案する，ダブリンコア応用プロファイル「NII メタデータ記述要素」について紹介する．

10.2　学術コミュニケーション

10.2.1　雑誌危機と学術コミュニケーション不全 [2]

　学術研究活動の成果は主として学術論文として結実する．研究者は他の研究者の論文に示された新たな知見を自分の研究活動に役立てて，その成果としてまた新たな学術論文が生み出される．この情報流通サイクルを追って，総体として研究が進展していく．これが学術コミュニケーションの基本的な流れである．

　印刷出版時代を通じて，この学術情報流通サイクルを支えてきたのは雑誌であった．最も初期の学術雑誌は，1665 年に発刊された英国の "Philosophical Transactions" とフランスの "Journal des Scavans" だと言われている．以来今日まで，学術雑誌は，専門家の査読（peer review）による品質保証を得た学術論文を安定的に学術コミュニティに還元する媒体として，学術研究成果の公表のための重要な位置を占めてきた．

　20 世紀中盤以降，学術研究活動のスピードと量は急激に伸び，学問分野は多様化，深化した．科学技術，生命科学（STM：Science, Technology and Medicine）の分野を中心に，研究者によって生産される論文の数は増加し，学術雑誌はそのタイトルと刊行頻度を増やしていった．出版社同士の併合が相次ぎ，徐々に学術出

版市場の寡占化が進行するとともに，雑誌価格は上昇していった．

　学術雑誌購読層の中心は大学などの研究機関であるが，雑誌の購入予算の拡大には限界がある．多くの大学では雑誌価格の高騰に追随していくのは困難で，購入する学術雑誌を厳しく選別しなければならない事態が生じた．販売部数の減少はさらなる価格上昇を招き，雑誌危機（serials crisis）と呼ばれる状況が現出した．図 10-1 は，わが国の大学などにおける外国学術雑誌の総受入タイトル数の推移を示したグラフである．ピークであった 1980 年代後半には約 4 万タイトルに達していた受入タイトル数であるが，購読中止による減少が続き，以降わずか 10 年程度の間に半減してしまっていることがわかる [3]．

　この状況の変化にさらなる一石を投じたのがインターネット利用の普及である．印刷され雑誌という形に閉じ込められた形態でしか流通し得なかった学術論文が，電子ファイルの形で配信可能となった．学術出版社は学術雑誌を電子化し，アクセス対価と引き換えにオンラインで雑誌掲載論文を閲覧できるサービスを開始した．電子ジャーナルの成立は大量消費の傾向を助長し，Big Deal と呼ばれる全タイトル（あるいはセット販売される大きなまとまり）の一括契約という購読形態を生み出した．それまでタイトルごとの取捨選択に基づいていた大学の学術雑誌購入スタイルは一部崩れ，出版社単位のオール・オア・ナッシングの判断を迫られるケースも増大した．

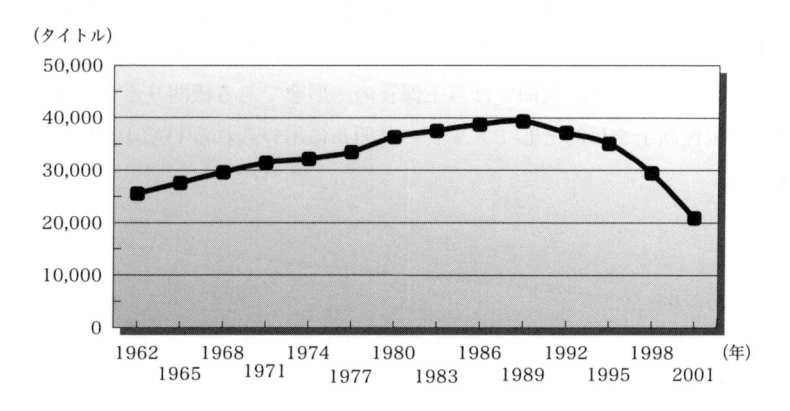

図 10-1　わが国の大学などにおける外国学術雑誌の総受入タイトル数の推移

10.2.2　オープンアクセス

本来学術情報流通の主体であるべき学術コミュニティは，学術コミュニケーションに対するコントロール力を失いつつある．学術コミュニケーションの不全は，研究者にとって，研究活動に必要な学術情報資源を十分に得られないという側面のほか，研究成果の流通が限定されるために，自身が発表する学術論文も望みうる十分な読者を得られないという事態を意味する．

こうした状況からオープンアクセスという思潮が生まれた．オープンアクセスとは，学術研究の成果へ誰もが障壁なくアクセスできるようにすることを意味し，研究者にとって，論文の読み手としては研究資源の増大，書き手としてはより広範な読者獲得による研究インパクトの向上というメリットがある．

オープンアクセスの実現には 2 通りの主な戦略が提案されている [4]．一つは無料オンライン公開される学術雑誌（open access journal）を研究成果公表の場とするもの，もう一つは論文著者が自身ないし所属機関のウェブサイトにおいて自著論文を無料オンライン公開するもので，自主保管（self archiving）と呼ばれる．なお，自主保管は，必ずしも商業出版社の有料学術雑誌への論文投稿を中止し，専ら独自に発信していくということを意味するものではなく，むしろ経済的理由などで論文掲載誌を購読できない研究者へも自著論文を届けることが主眼である．

自主保管された論文は，研究インパクト回復の趣旨からも，単にウェブサイト上に置いて公開しておくだけではなく，可視性向上のため手を尽くしておくことが望まれる．すなわち，論文の所在をアピールし，より多くの集客に繋がる何らかの方策が求められる．次節では自主保管の一形態である機関リポジトリを取り上げ，可視性向上を目的としてメタデータ頒布に用いられる OAI-PMH について解説する．

10.3 機関リポジトリ

10.3.1 機関リポジトリとOAI-PMH

　機関リポジトリは，研究機関が運営する，自機関で生産された電子的研究成果物のアーカイブである．機関に所属する研究者の自主保管の基盤として機能すると同時に，総体としてその機関における学術研究成果の集成を形成する [5][6]．

　機関リポジトリの主要な機能用件を以下にあげる．

① 機関に所属する研究者からの電子論文投稿
② 研究者自身またはリポジトリ運営者によるメタデータ整備
③ 登録された電子論文の永続的な保存
④ 外部利用者への報知を目的とした，外部情報サービスへのメタデータ提供
⑤ 外部利用者による電子論文閲覧

　上記④に示したメタデータ提供機能が，可視性向上を狙いとする機関リポジトリの特質を顕著に示して特徴的である．すなわち，機関リポジトリは学術論文の電子ファイルを収容して，じっとウェブ来訪者を待つだけではない．タイトル，著者，キーワード，アブストラクトなど，収録論文のメタデータを積極的に外部の論文情報提供サービスなどに開示し，彼らのデータベースに組み入れてもらうことにより，それら外部サービスの利用者の集客をも狙うのである（図10-2を参照）．

　メタデータ提供にはOAI [7] によるOAI-PMH [8][9] が用いられる[1]．OAIはメ

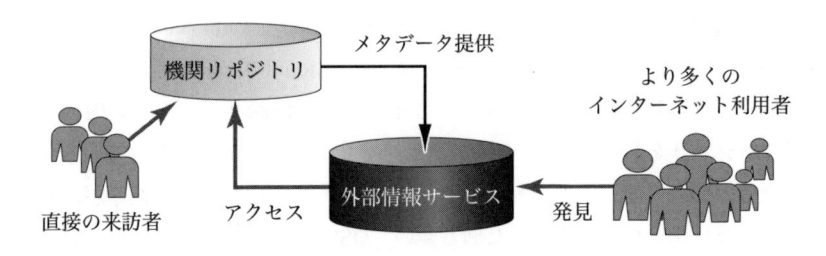

図10-2　外部情報サービスを通じた集客力の向上

---
[1] ここでは提供と記したが，正確にはOAI-PMHはメタデータを集めて情報サービスを構築する側のための，メタデータ収穫プロトコルである．

タデータ収穫を通じて多様な電子図書館間の相互運用を促進することを目的とした国際的な活動であり，1999 年に電子論文アーカイブの相互運用性確立のために米国ニューメキシコ州サンタフェで開催された会議に端を発する．OAI-PMH の最新版であるバージョン 2.0 は，あらゆる種類の情報資源のメタデータ交換に適用可能な通信規約として 2002 年 10 月に発表された．

　OAI-PMH は，システムからシステムに，すなわちデータ提供者 (data provider) からサービス提供者 (service provider) にメタデータを集積するための簡便な仕組みである．サービス提供者はハーベスタ (harvester) と呼ばれるメタデータ収穫ソフトウェアを用い，6 種類のリクエスト (Identify, ListSets, ListMetadataFormats, ListIdentifiers, GetRecord, ListRecords) によって，データ提供者が運用するリポジトリからメタデータの一括取得を行う．メタデータは UTF-8 による XML 文書の形でハーベスタに渡され，サービス提供者はこれを解析することにより，自由に自身の情報サービスに組み入れることが可能となる．使用するメタデータ形式の選択は OAI-PMH を使用するコミュニティに委ねられているが，最低限の相互運用性確保のため，データ提供者には，基本フォーマットとして少なくとも限定詞なしのダブリンコア・メタデータ記述要素によるメタデータ提供もできるようにしておくことが義務付けられている．

10.3.2　海外の状況

　今日すでに稼動している機関リポジトリの数は明らかではないが，Eprints.org による "Institution Archives Registry" [10] には，2005 年 8 月現在，466 のリポジトリが登録されている．また，SPARC (the Scholarly Publishing and Academic Resources Coalition) による "Select List of Institutional Repositories" [11] には，特定の学問分野に特化した電子論文アーカイブや，学位論文のみをその内容とした大学リポジトリを除外した 26 の機関リポジトリがリストアップされている．

　稼動中の機関リポジトリには独自にシステム構築されたものもあるが，オープンソースのソフトウェアを用いた例も多い．OSI (Open Society Institute) は，機関リポジトリの設立を計画する研究機関のために，利用可能なソフトウェアを紹介した "A Guide to Institutional Repository Software" [12][13] を提供している．同文書では，オープンソースライセンスで利用でき，OAI-PMH に準拠した，一般

に入手可能な 9 種類の機関リポジトリ構築用ソフトウェア（Archimede, ARNO, CDSware, DSpace, EPrints, Fedora, i-Tor, MyCoRe, OPUS）が取り上げられ，その機能と特徴が解説されている．

図 10-3 は，欧米を中心に広く使用されている代表的な機関リポジトリ構築用ソフトウェアである DSpace [14] である．DSpace はマサチューセッツ工科大学とヒューレットパッカード社によって共同開発され，BSD オープンソースライセンスのもとに配布されている．DSpace において，収容コンテンツは，図書館応用プロファイルを基礎に独自の必要な拡張が施されたダブリンコア応用プロファイル

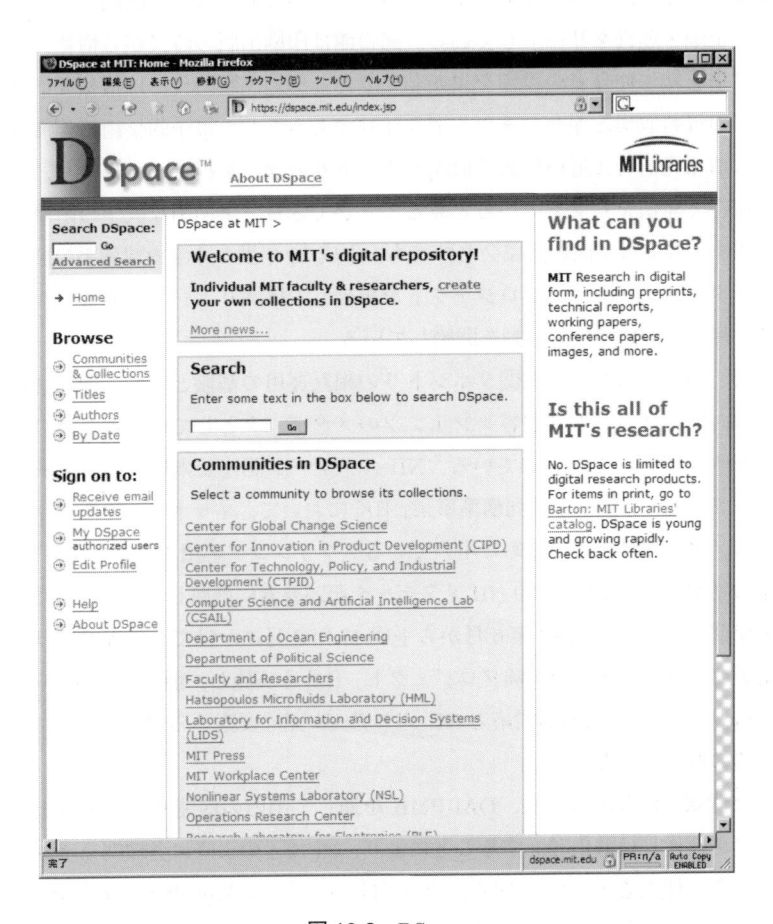

図 10-3 DSpace

によって管理されており [15]，そのメタデータは OAI-PMH を通じて各サービス提供者に頒布される．

10.3.3　国内の状況

　わが国でも千葉大学による学術成果リポジトリ CURATOR（Chiba University's Repository for Access To Outcomes from Research）[16] の設立をはじめとした，機関リポジトリに関する各種の取り組みが始まっている．

　千葉大学では，海外の多くの事例で見られるのと同様に，附属図書館がリポジトリの企画・運営をリードしている．図書館は印刷出版の時代から情報の出し手と受け手を結ぶ仲介者の役割を果たしてきた．印刷出版時代には情報受信者側に立っての資料収集と保存がその主要な任務であったが，電子的学術情報流通においては情報発信者に近い位置で機関リポジトリの運営を担うことにより，学術情報の保存と発信をも支えていると見ることができる．全国国立大学の附属図書館で構成する国立大学図書館協会 [17] でも，平成 16 年度から学術情報委員会のもとにデジタルコンテンツ・プロジェクトを組織し，機関リポジトリのモデル構築と普及・促進について検討活動を開始している．

　また，わが国における機関リポジトリの相互運用の基盤として，国立情報学研究所は，機関リポジトリ収容コンテンツのメタデータとして用いるための NII メタデータ記述要素を提案している．NII メタデータ記述要素は，同研究所が「メタデータ・データベース共同構築事業」[18] において，ネットワーク上の学術情報資源のメタデータ記述のために用いているダブリンコア応用プロファイルであり，千葉大学 CURATOR もこの NII メタデータ記述要素に準拠している．また，国立情報学研究所では平成 16 年 6 月から平成 17 年 3 月にかけて「学術機関リポジトリ構築ソフトウェア実装実験プロジェクト」[19] を実施し，前述の DSpace および EPrints について，日本語対応と NII メタデータ記述要素への対応手順について技術情報の収集整備を進めた．

　国立情報学研究所はまた，OAI-PMH を通じて国内の機関リポジトリ上のメタデータを収穫し組織化 [20] することにより，図 10-4 のように各機関リポジトリへのポータル機能を果たす．平成 17 年 8 月現在，「大学 Web サイト資源検索」[21] において千葉大学 CURATOR 内のコンテンツの検索が可能となっている．

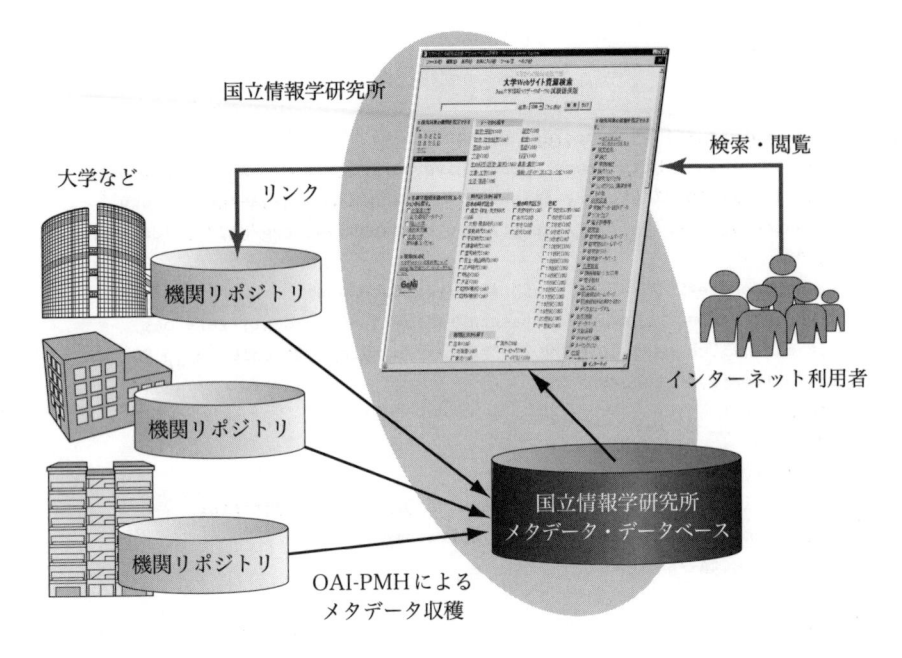

図 10-4 国内機関リポジトリの統合検索

10.4 NII メタデータ記述要素

　NII メタデータ記述要素は，国立情報学研究所がそのメタデータ・データベース共同構築事業において定めている，学術情報資源記述のためのダブリンコア応用プロファイルである．図 10-5 に NII メタデータ記述要素に従ったメタデータの例を示す．なおこれは，OAI-PMH における GetRecord 応答である [22]．
　ダブリンコア・メタデータ記述要素に対する，NII メタデータ記述要素の主要な拡張点について以下に示す．

① 人名・団体名典拠の使用
　　国立情報学研究所は，目録所在情報サービス（NACSIS-CAT）において図書・雑誌をはじめとした図書館資料の著編者情報を管理するための「著者名典拠ファイル」を運用している．メタデータの要素として記録する人名や団体名が，同ファイルに存在する場合，リンクさせることができる．これ

```xml
<?xml version="1.0" encoding="UTF-8"?>
<OAI-PMH xmlns="http://www.openarchives.org/OAI/2.0/" xmlns:xsi="http://www.w3.org/2001/XMLSchema-instance" xsi:schemaLocation="http://www.openarchives.org/OAI/2.0/ http://www.openarchives.org/OAI/2.0/OAI-PMH.xsd">
<responseDate>2005-01-11T11:53:43Z</responseDate>
<request verb="GetRecord" metadataPrefix="junii" identifier="oai:mitizane.ll.chiba-u.jp:00020285">http://mitizane.ll.chiba-u.jp:80/cgi-bin/oai/oai2.0</request>
<GetRecord>
<record>
<header>
<identifier>oai:mitizane.ll.chiba-u.jp:00020285</identifier>
<datestamp>2004-10-22T11:12:33Z</datestamp>
<setSpec>setA</setSpec>
</header>
<metadata>

<meta xmlns="http://ju.nii.ac.jp/oai" xmlns:xsi="http://www.w3.org/2001/XMLSchema-instance" xsi:schemaLocation="http://ju.nii.ac.jp/oai http://ju.nii.ac.jp/oai/junii.xsd">
<code>00020285</code>
<userid>joho</userid>
<fano>FA001754</fano>
<adate>20041014</adate>
<udate>20041022</udate>
<institution>千葉大学</institution>
<title>学術情報流通の最新の動向：学術雑誌価格と電子ジャーナルの悩ましい将来</title>
<title.transcription>ガクジュツ ジョウホウ リュウツウ ノ サイシン ノ ドウコウ ： ガクジュツ ザッシ カカク ト デンシ ジャーナル ノ ナヤマシイ ショウライ</title.transcription>
```

図 10-5　NII メタデータ記述要素に従ったメタデータ

```
<creator xsi:type="NC">
<ahdng>土屋, 俊 (1952-)</ahdng>
<aid>DA00242076</aid>
</creator>
<creator.transcription xsi:type="NC">
<ahdng>ツチヤ, シュン</ahdng>
<aid>DA00242076</aid>
</creator.transcription>
<subject xsi:type="NDC">017.7</subject>
<subject xsi:type="NDC">023</subject>
<subject>電子ジャーナル ； コンソーシアム ； 学術雑誌 ； オープン・アクセス ； 大学図書館 ； ビッグ・サイエンス ； 電子図書館 ； アーカイブ</subject>

<description>学術情報流通システムの変革期における電子ジャーナル化の意義と課題について考え，その延長上に，20世紀後半における学術情報流通のパラダイムを否定する可能性をもつ最近のいくつかの展開について，「オープン・アクセス」と「アーカイブ」という問題について「機関リポジトリ」という話題を中心に検討する。</description>
<description>現代の図書館. 42(1), p.3-30(2004)</description>
<publisher>日本図書館協会</publisher>
<date.created xsi:type="W3CDTF">2004</date.created>
<type xsi:type="NII">研究成果-論文</type>
<type>雑誌掲載論文</type>
<type xsi:type="DCMI">text</type>
<format xsi:type="IMT">application/pdf</format>
<identifier xsi:type="URL">http://mitizane.ll.chiba-u.jp/metadb/up/joho/scomm_tutiya.pdf</identifier>

<language xsi:type="ISO639-2">jpn</language>
<comment>著者の最終稿</comment>
</meta>
</metadata>
</record>
</GetRecord>
</OAI-PMH>
```

図10-5 NIIメタデータ記述要素に従ったメタデータ（つづき）

により,「大学Webサイト資源検索」において,同ファイル上の別の表記形（別名,略称など）からも検索が可能となる.

② ヨミの付与

主要要素（Title, Creator, Publisher, Contributor）が日本語の場合は,Transcription修飾子を用い,ヨミを付与する.ヨミを付与された要素は,OAI-PMHを通じてNIIメタデータ・データベースからメタデータが収穫される際に自動的にローマ字変換される.これにより,特に海外におけるメタデータの可用性向上が期待される.

③ 独自資源タイプ（NII資源タイプ）

Type要素の独自語彙リストとして「NII資源タイプ」を使用する.NII資源タイプは,リソースとなる学術情報の種別を表す独自分類（例えば,研究成果－論文）で,これにより,情報資源が論文であるか,あるいはソフトウェアであるかといった情報を端的に表現できるものとしている.

10.5 おわりに

学術コミュニケーションの危機的状況と,機関リポジトリを軸とした学術情報流通の新しい一形態について概観した.

ここでもメタデータは情報発信者と情報受信者を結ぶ懸け橋として重要な役割を果たす.メタデータ収穫を通じた各リポジトリの協調的な相互運用の実現において,的確な学術情報の発見のために,正確で詳細な標準的メタデータの必要性はますます重要度を増していくと考えられる.

参考文献

[1] 国立大学図書館協議会図書館高度情報化特別委員会ワーキンググループ:「電子図書館の新たな潮流～情報発信者と利用者を結ぶ付加価値インターフェイス」,国立大学図書館協議会, 2003, p.5 (http://wwwsoc.nii.ac.jp/janul/j/publications/reports/74.pdf).

[2] 土屋俊:「学術情報流通の最新の動向――学術雑誌価格と電子ジャーナルの悩ましい将来」,『現代の図書館』, 第42巻第1号, 2004, pp.3-30 (最終著者草稿, http://mitizane.ll.chiba-u.jp/metadb/up/joho/scomm_tutiya.pdf).

[3] Create Change (http://wwwsoc.nii.ac.jp/anul/j/projects/isc/sparc/create/faculty.pdf).

[4] Budapest Open Access Initiative (http://www.soros.org/openaccess/read.shtml).

[5] Lynch, Clifford A.: "Institutional repositories: essential infrastructure for scholarship in the digital age", *ARL bimonthly report*, No.226, 2003 (http://www.arl.org/newsltr/226/ir.html).

[6] Crow, Raym: "The Case for Institutional Repositories: A SPARC Position Paper", *The Scholarly Publishing & Academic Resources Coalition*, 2002 (http://www.arl.org/sparc/IR/IR_Final_Release_102.pdf).

[7] Open Archives Initiative (http://www.openarchives.org/).

[8] Open Archives Initiative Protocol for Metadata Harvesting (http://www.openarchives.org/OAI/openarchivesprotocol.html).

[9] ([8]の邦訳), OAI-PMH2.0日本語訳(http://www.nii.ac.jp/metadata/oai-pmh2.0/).

[10] Institution Archives Registry (http://archives.eprints.org/).

[11] Select List of Institutional Repositories (http://www.arl.org/sparc/repos/ir.html).

[12] A Guide to Institutional Repository Software v 3.0 (http://www.soros.org/openaccess/software/).

[13] ([12]の邦訳), Open Society Institute機関リポジトリ構築ソフトウェアガイド第3版 (http://www.nii.ac.jp/metadata/irp/osi_guide_3/).

[14] DSpace（http://www.dspace.org/）．
[15] Metadata: Technology: DSpace Federation（http://dspace.org/technology/metadata.html）．
[16] 千葉大学学術成果リポジトリ：Chiba University's Repository for Access To Outcomes from Research（http://mitizane.ll.chiba-u.jp/curator/about.html）．
[17] 国立大学図書館協会（http://wwwsoc.nii.ac.jp/anul/）．
[18] 国立情報学研究所メタデータ・データベース共同構築事業（http://www.nii.ac.jp/metadata/）．
[19] 学術機関リポジトリ構築ソフトウェア実装実験プロジェクト（http://www.nii.ac.jp/metadata/irp/）．
[20] OAI-PMH の NII メタデータ・データベースへの適用について（http://www.nii.ac.jp/metadata/oai-pmh/）．
[21] 大学 Web サイト資源検索（JuNii: 大学情報メタデータ・ポータル試験提供版）（http://ju.nii.ac.jp）．
[22] oai:mitizane.ll.chiba-u.jp:00020285（http://mitizane.ll.chiba-u.jp/cgi-bin/oai/oai2.0?verb=GetRecord&metadataPrefix=junii&identifier=oai:mitizane.ll.chiba-u.jp:00020285）．

（杉田 茂樹，尾城 孝一）

第11章

新聞社のメタデータ技術への対応
―― NewsML を中心に

11.1 はじめに

　新聞社のメタデータ技術への対応には，大きく二つの側面がある．一つは，新聞制作過程におけるメタデータの活用である．最終生産物としての紙の新聞に，当然ながらメタデータは付加されていない．しかし，新聞社が記事，情報を集め，組版から印刷へと繋げていく制作の過程には，さまざまなメタデータ技術の活用，検討が進んでいるのである．もう一つは，コンテンツ流通，多メディア（他メディア）展開におけるメタデータの活用である．新聞社は現在，紙の新聞以外の多様な媒体にニュース，情報を発信する総合的なコンテンツ企業体への展開を模索しつつある．とりわけ今後，インターネットの世界で新聞社ニュースの存在感を確保していくためには，メタデータ，セマンティックウェブ技術への理解と対応が不可避となるであろう．

　そうした意味からも，新聞社では現在，（ワークフローの，あるいはコンテンツの）XML 化が大きなトレンドとなっているようだ．特に，日本の新聞社において

は，XML を用いたニュースのための標準フォーマット "NewsML" が，大きな広がりを見せているところである．

11.2　NewsML の日本への導入

　NewsML を開発したのは，国際新聞電気通信評議会（IPTC：International Press Telecommunications Council）である．IPTC は通信社，新聞社，関連ベンダーからなる国際的なメディア団体であり，1965 年の設立以来，メディアの共通利益の擁護といった活動とともに，新聞・通信社の技術開発，標準化の問題に積極的に取り組んできた．最近の IPTC は，技術の標準化団体としての性格を強めており，さまざまなフォーマットの開発，普及をその活動の中心に置いている．そうしたなか，1999 年にロイターから NewsML の提案を受けた IPTC は，自ら NewsML を標準規格とすべく開発を進め，2000 年 10 月，NewsML 1.0 版をリリースしたのである．

　日本では，日本新聞協会（NSK：Nihon Shinbun Kyokai）の技術委員会（およびその下部組織にあたる各部会，ワーキンググループ）が新聞技術の標準化，規格化作業に取り組んでおり，こうした IPTC の動向に注目することとなった．新聞協会は 2000 年，新聞・通信社の技術者を中心とした検討チームを立ち上げ，NewsML の研究を進めた．議論の結果，NewsML の日本への導入を中心的な活動に据えることを決定した同チームは，2001 年に名称を「NewsML チーム」とし，以降 2004 年まで，NewsML の検討，普及に積極的に取り組んできた[1]．加えて，日本における NewsML の認知，広がりを考える上では，共同通信社が，新聞社向けの新たな配信フォーマットに NewsML を採用したことの意味は大きかった．特に地方紙にとって，共同からの記事配信は新聞製作上極めて重要であるため，多くの社が NewsML に注目する結果となったのである．

---

[1] 同チームは 2004 年に活動を終了し，新聞協会は新たに，国内新聞各社の実装問題の検討を目的とした「NewsML サポートチーム」を設置している．

11.3　NewsML バージョン 1 の概要

NewsML は 2000 年の 1.0 版リリース以降，2002 年に 1.1 版，2003 年に 1.2 版がリリースされており，これらは総称して NewsML バージョン 1 と呼ばれている[2]。IPTC では現在，バージョン 1 と大きく異なる NewsML バージョン 2，および，それを組み込んだ新たな統合フォーマットの検討を進めているが，日本で現在普及が進んでいる NewsML はバージョン 1 であるため，ここではバージョン 1 の概要を説明していきたい[3]。

11.3.1　XML News Wrapper

NewsML は，XML に基づいた，コンパクトで拡張性が高く，柔軟なニュースの構造化の枠組みであり，ニュースアイテム（ニュースのコンテンツ），ニュースアイテムの集合，ニュースアイテムに関連付けられたメタデータの表現をサポートするものである．NewsML の大きな特徴に「メディア中立 (media neutral, media independent)」がある．IPTC は NewsML の説明にしばしば「XML News Wrapper (XML によるニュースの包み紙)」という表現を用いることがあるが，NewsML では，あらゆる素材，メディアを wrap して（包んで＝格納して）扱うことが可能である．ニュース素材のメディアタイプ，フォーマット，エンコードについては何も規定しておらず，テキスト，動画，音声，グラフィックス，写真，その他今後開発されるであろう新しいメディアの任意の組み合わせを含むことができる．マルチメディア時代のニュース素材は多様化しており，その意味から，メディア中立という NewsML の特性は重要である．

---

[2]　1.0 版と 1.1 版，1.2 版の違いは要素・属性の追加などであり，下位互換性が保たれている．

[3]　本節の記述にあたっては，三宅学：「NewsML によるデータ交換と管理――マルチメディア・ニュース素材のための枠組み」，『2002 画像電子学会 第 30 回年次大会――創立 30 周年記念コンファレンス――予稿集』，2002, pp.79–82 を参考とした．以下，"NewsML" という記述は，断りがない限り，「NewsML バージョン 1」を表すものとする．

11.3.2 NewsMLの構造と機能

NewsMLは，コントロールド・ボキャブラリを利用するためのCatalogとTopicSet，ニュースの送受信情報に関するNewsEnvelope，実際のニュースを内容物としてもつNewsItemからなる（図11-1を参照）．

(1) コントロールド・ボキャブラリの利用

NewsMLでは，さまざまな要素にFormalName属性を使い，FormalName属性値をコントロールする仕組みをもっており，属性値の候補群は，TopicSetとして外部で定義，管理されている．共通のTopicSetファイルを利用することで，ニュース交換を容易に行うことが可能となっている．どのTopicSetファイルをどの属性値に使用するかは，Catalog要素で定義する．

(2) NewsEnvelope

NewsEnvelope要素の子要素に，送信時刻や送信ID，送・受信社名など，NewsML文書の送受信に関わる情報を記述する．

(3) ニュースコンテンツを表現する階層構造

ニュースのコンテンツとその関連情報を表現し，NewsMLにおけるニュースの発行単位となるのがNewsItemである．NewsItemは一般的に，オブジェクトの入れ物のNewsComponent，実際のコンテンツデータのContentItemと階層構造をなしている（NewsItem/NewsComponent/ContentItem）．NewsItemは，IDの使用により，グローバルに一意なものとして識別される．

(4) NewsComponentに関するメタデータ

NewsMLは，NewsComponentに関する情報を記述するため，以下の各種メタデータをもっている．

- AdministrativeMetadata —— 管理メタデータである．配信社，作成者などの情報を記述する．
- RightsMetadata —— 権利メタデータである．著作権，使用権などの情報を記述する．
- DescriptiveMetadata —— 記述メタデータである．ジャンル，主題，使用さ

11.3 NewsML バージョン 1 の概要   183

```
NewsML
├─ Catalog
│   └─ Resource
│       ├─ Urn
│       ├─ Url
│       └─ DefaultVocabularyFor
├─ TopicSet
├─ NewsEnvelope
│   └─ DateAndTime
└─ NewsItem
    ├─ Identification
    │   └─ NewsIdentifier
    │       ├─ ProviderId
    │       ├─ DateId
    │       ├─ NewsItemId
    │       ├─ RevisionId
    │       └─ PublicIdentifier
    ├─ NewsManagement
    │   ├─ NewsItemType
    │   ├─ Status
    │   ├─ StatusWillChange
    │   ├─ DerivedFrom
    │   └─ AssociatedWith
    └─ NewsComponent
        ├─ NewsLines
        ├─ AdministrativeMetadata
        ├─ RightsMetadata
        ├─ DescriptiveMetadata
        ├─ Metadata
        └─ ContentItem
            ├─ MediaType
            ├─ Format
            ├─ MimeType
            └─ DataContent
```

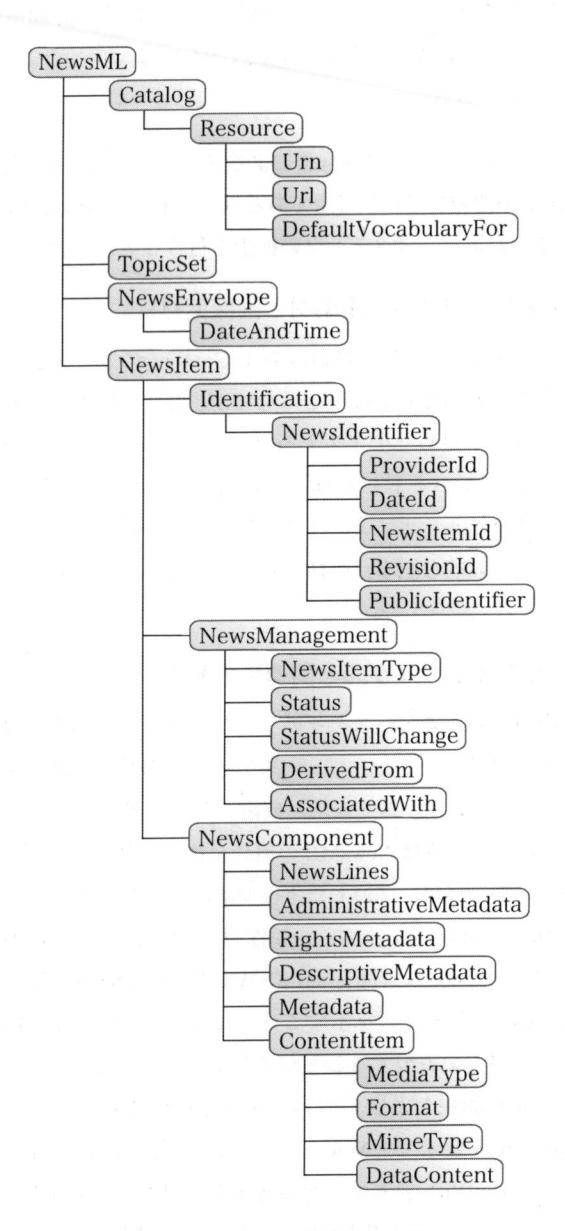

図 11-1　NewsML 概略ツリー図

れる言語などを示し，ニュースの内容や対象に関する詳細情報などを提供する．なお，主題の表現のため，IPTC では NewsML と別に，分類コードの体系を管理している．

また，NewsLines によって，自然言語によるメタデータの表現（見出し，筆者の情報から権利関係の情報まで）が可能であるほか，上記三つの各 Metadata 要素には Property 子要素があり，メタデータの拡張を行うことができる．

(5) ContentItem の作成（記事素材と画像素材）

記事素材は，ContentItem の子要素の DataContent に直接記述する方法が一般的である．テキストの記述方法に規定はないが，IPTC は NITF（News Industry Text Format，IPTC が定めたテキスト系フォーマット）の使用を推奨している．画像素材の場合は，エンコードして DataContent に内包する方法，ContentItem の Href 属性で外部ファイルをポイントする方法がある．繰り返しになるが，もちろん，NewsML には一般的な記事，画像素材のほかに，あらゆるメディアを格納することが可能である．

(6) ニュースのライフサイクルと関連性の表現

これら特徴の中でも，ニュースをそのライフサイクル（作成，変更，発行，修訂正）を通じて管理できること，ニュースアイテム相互の関連性を表現できることは，メタデータ（コンテキスト表現）技術としての NewsML の大きな特徴と言えるかもしれない．これらは NewsML の概念全体を通じての特徴であるが，特に NewsManagement 要素には，関連した下位要素が多く含まれている．

例えば，Status 要素は，FormalName 属性値に「Usable（公開可能）」「Canceled（公開取消）」「Embargoed（公開待機）」「Withheld（公開未定）」のどれかを設定し，NewsItem のステータスを示すことができ，ステータスの変化の予定は，StatusWillChange 要素で表現することができる．また，新聞社ではある記事に対して，その内容から派生した別の内容の記事を作成することがあるが，そうした場合，DerivedFrom 要素で，NewsItem の由来（派生）の状況を表現することができる．AssociatedWith 要素は，記事と記事，記事と写真などの関連性（どの NewsItem がどの NewsItem に関連しているか）を表現する．

11.4 新聞協会による国内標準化活動

2000年10月のNewsML 1.0版リリースを受け，新聞協会では，日本への導入に向けたさまざまな活動を行ったが，その第一が，「日本新聞協会NewsMLレベル1解説書」の作成である．2001年7月に公開した同ドキュメントには，IPTC版機能仕様書の日本語訳を収めるとともに，内容的に難しい，わかりにくい箇所には，新聞協会独自の解説を付している．また，日本における（新聞・通信社間などの）標準的な交換の指針を示すため，日本独自のガイドライン表を添付し，「必須（◎）」，「省略可（○）」，「規定外（△）」，「使用停止（×）」のタグを規定した．ガイドライン表については，制限が厳しすぎるなどの声もあるが，スムーズな交換を実現し，実装を容易にする意味で，一定の効果はあったものと考えている．なお，ここで言う「使用停止（×）」とは，「NewsMLレベル1ガイドライン表に基づく交換を行う場合には使用しないタグ」を表すものであり，内部管理や自社の用途にこれらのタグを使用することは，何ら制約されていない．2002年9月には，写真など画像素材の表現，交換のため，「画像電送ガイドライン[4]」を公開した．

既述のとおり，NewsMLではさまざまな共通ボキャブラリを利用しているが，IPTCのTopicSetに加えて，日本で新聞協会が独自に拡張，整備したTopicSetもある．組織，団体などの固有名を表現するPartyのボキャブラリには，日本の主要な新聞・通信社の名称などが登録されている．格納素材のフォーマット名に関するFormatのボキャブラリも，新聞協会独自に拡張した．また，ニュースの発生場所などを表現するため，市町村名など地域情報に関するTopicSetを作成した．新聞協会では，IPTC TopicSetの日本語訳，独自に作成したNSK TopicSetを合わせたファイルを公開している[5]．

---

[4] 正式名称は「～日本国内におけるNewsMLへのオブジェクトの組み込み～ 日本新聞協会NewsML画像電送ガイドライン」という．

[5] 上述の各文書，ファイルはすべて，新聞協会のウェブサイト http://www.pressnet.or.jp/ で入手可能である．

11.5 NewsMLの実装状況

11.5.1 メディア系システムの展開

　日本の新聞社におけるNewsMLの実装は，メディア系システムが先行する形で展開した．NewsMLがマルチメディアを扱えるフォーマットであり，新聞社自体が各種メディアにニュースを提供する配信社的機能を強化していることから見て，当然なことかもしれない．

　NewsMLを採用したメディア系の配信システムとして，2002年6月に稼働したのが，日本経済新聞社の新NEWS（Nikkei Economic-data Wire Service）システムである（図11-2を参照）[6]．日経は，以前から電子メディア向け速報編集配信のNEWSシステムを運用していたが，NewsMLを採用し，同システムを，記事以外の多様なコンテンツに対応した「マルチメディア・ニュース編集配信システム」へと発展させた．新聞系の素材データや速報原稿などは，いったんNEWSシステムに集められた上でNewsML形式に変換され，各種メディアに配信される．配信先には，インターネットのほか，テレコン，QUICKなど日経の各種サービス，放送局や電光ニュースなどが含まれる．日経では，発行日，媒体，面など新聞制作に関連したデータのほか，サービスに必要な企業コードの情報などを独自に拡張した「日経NewsML」を利用している．

　メディア系システムとしては，2003年5月に稼働した毎日新聞社の「パレスシステム」もあり，そのほか，全国紙や有力地方紙でNewsML対応システムが運用されている．

11.5.2 新聞制作系システムとNewsMLの広がり

　これらメディア系システムに加えて，日本の新聞社では現在，新聞制作系システムへのNewsML導入が本格化している．NewsMLは交換，配信などを第一の目的としているため，新聞制作に本格的に利用する上では，新聞制作固有の内容，

---

6. NEWSシステムについては，谷口和正：「NewsMLを本格採用したマルチメディア・ニュース編集配信システム『新NEWS』の開発 〜ブロードバンド時代に向けて〜」，『新聞技術』，182号，2002年12月，pp.24–33を参照いただきたい．

11.5 NewsML の実装状況

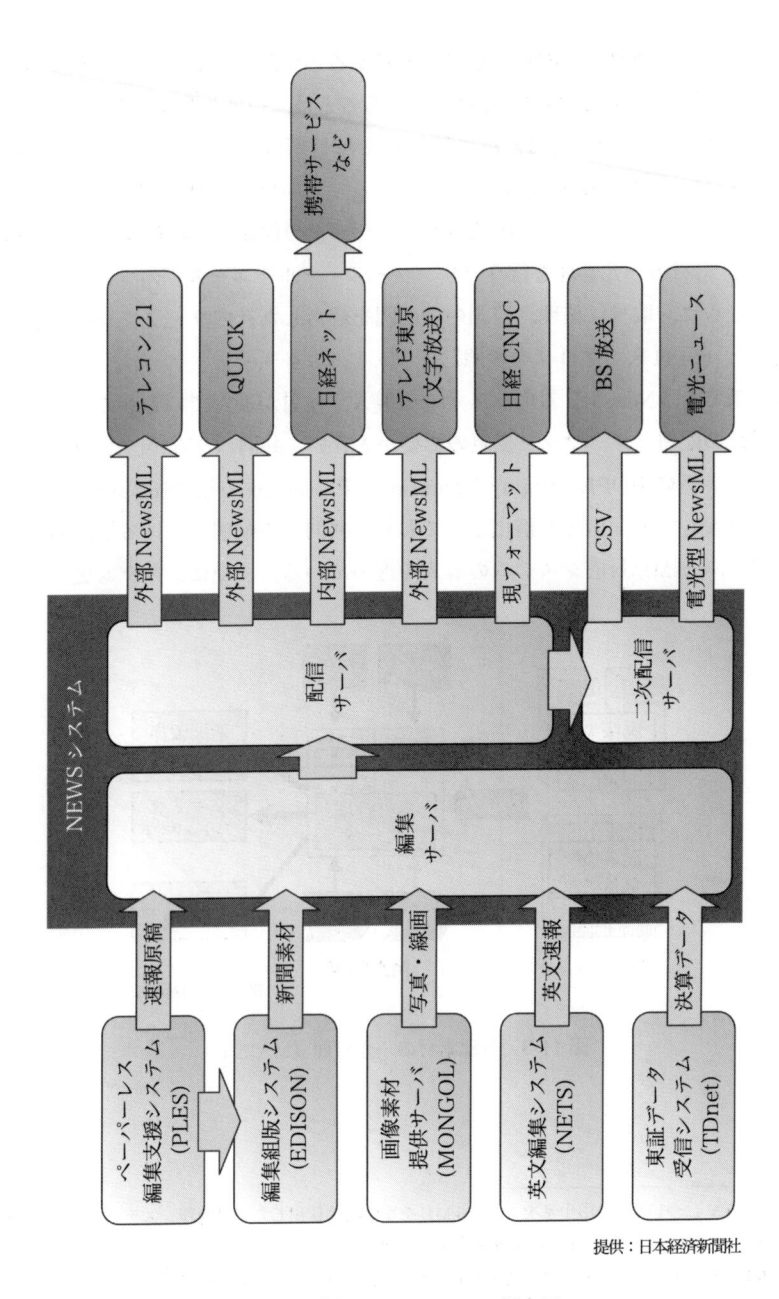

図 11-2 新 NEWS システム概念図

提供：日本経済新聞社

ワークフローに関連した内容を独自に拡張する必要があるなど，課題も多い．ただ，新聞制作のXML化が大きな流れとなることは，やはり間違いないであろう．

そうした中で，2003年12月に稼働した毎日新聞社の素材管理システムが，MAITY（MAInichi Treasure sYstem）である[7]．MAITYでは，記者PCなど入出力のインタフェースにNewsMLを利用し，データの保存，管理もNewsMLで行っている[8]．素材の一元管理を行う「ワンソース・マルチユース」のコンセプトに基づくとともに，取材，整理，校閲の各部門を統合した社内ワークフローの構築を実現した（図11-3，図11-4を参照）．

地方紙でも，NewsML対応システムの導入，検討が進んでいる．これには，共同通信社の配信フォーマット変更の影響が大きい．共同は2003年12月，新たな基幹システムのHOPE（Highly Operational Processing & Editing system）[9]により，NewsMLでの配信を本格化させており，共同から配信を受ける加盟新聞社の多くが，NewsML対応システムの導入を進めている．すでにシステム更新を行っ

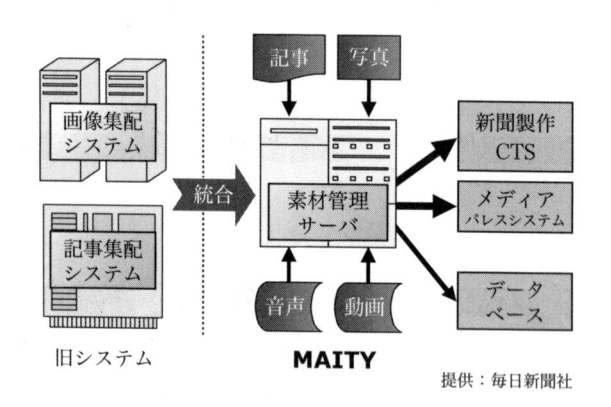

図11-3 各種素材の一元管理（MAITY）

---

[7]. MAITYについては，田中孝次：「NewsMLを本格的に採用した素材管理システム」，『新聞技術』，188号，2004年6月，pp.19–26を参照いただきたい．

[8]. 新聞制作に必要なメタデータ等を独自に拡張した「毎日NewsML」を使用している．

[9]. 共同通信社の新配信システムについては，坪井裕三：「NewsMLを本格的に採用した記事編集システム」，『新聞技術』，184号，2003年6月，pp.30–35を参照いただきたい．

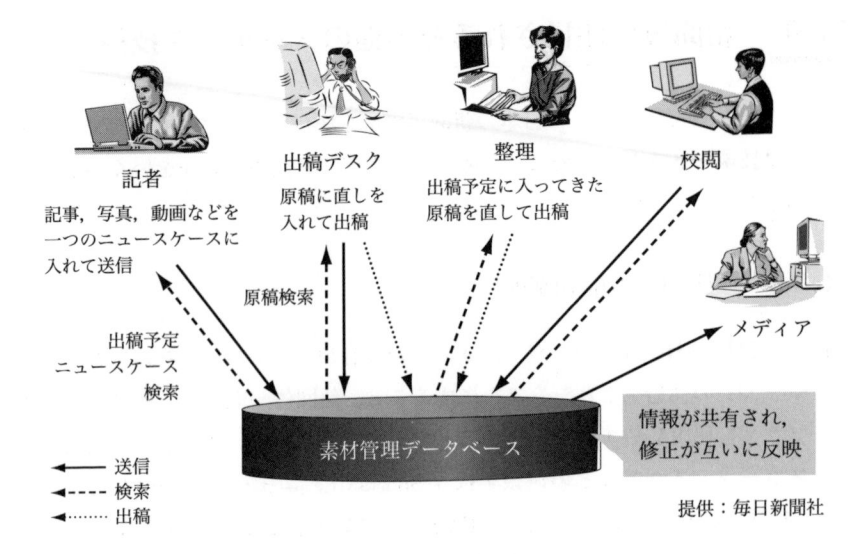

図 11-4 ワークフローの構築（MAITY）

た社も多いが，中でも，信濃毎日新聞社[10]（本社＝長野市）が 2005 年 3 月に稼働した編集制作システム「コスモス III」は，NewsML のリンク機能を新聞紙面の組版に活用する独自のアイデアなどで注目された．なお，ラジオ・テレビ番組情報の配信大手である東京ニュース通信社も，NewsML による配信を行っている[11]．

　NewsML は，ニュース素材を扱う標準フォーマットであるため，新聞・通信社以外でも実装，利用が可能である．テレビ局では，名古屋市の中京テレビが，データ放送向けに開発したニュース情報サーバで NewsML を利用している．より興味深い事例は，メディア企業以外の利用であり，例えば山梨県は，県のウェブサイトで行う広報に NewsML を利用している．

---

10. 信濃毎日新聞社の新システムについては，堀内孝一：「『テーマ管理』のワークフロー確立」，『新聞技術』，193 号，2005 年 9 月，pp.10–17 などを参照いただきたい．
11. 東京ニュース通信社の新配信システムについては，石川克彦：「『RadioTV-NewsML 電文配信システム』の構築」，『新聞技術』，186 号，2003 年 12 月，pp.30–37 を参照いただきたい．

11.6 新聞界で注目されるその他のメタデータ技術

NewsML（バージョン 1）は日本の新聞界で最も注目され，実装も進んでいるメタデータ技術であるが，最後に，その他のメタデータ技術の動向をいくつか紹介しておきたい．

11.6.1 IPTC の最新動向

IPTC では，現在 NewsML バージョン 2 の検討が進んでいる．その目的としては，NewsML の構造をよりシンプルにすること，他団体が策定した標準規格やボキャブラリも利用しやすい形とすることなどがあげられている．さらに IPTC では，スポーツ・スコアなどの情報を扱う SportsML，ニュースに関連したイベント[12]の情報を扱う EventsML などの規格をすでに策定しており，NewsML バージョン 2 とこれら各規格を統合する新たなフォーマットの開発を進めている．2006 年中にはリリースされる可能性が高い．日本の新聞社では，NewsML バージョン 1 の実装が進んでおり，今すぐ新フォーマットの検討に進むという展開は考えにくいが，将来的には，興味をもち，検討を進める社が出てくるかもしれない．

11.6.2 各種メタデータ技術

ドイツに本拠を置く国際新聞技術研究協会（Ifra）と米国新聞協会（Newspaper Association of America）が共同で設立した「AdsML コンソーシアム」は 2003 年 10 月，広告データ交換の XML フォーマット，AdsML 1.0 版をリリースした．AdsML の開発チームに NewsML 開発チームのメンバーが加わっていることもあり，AdsML の概念には，NewsML とリンクする部分も多い．広告業務のワークフローが XML 化された場合，経営的なメリットも大きいと予想されることから，特に欧米の新聞社では，AdsML に注目する向きは多いようだ．

Ifra は，IfraTRACK という XML 技術を提唱している．これは，新聞社のワークフローの統合的な XML 化であり，編集局から印刷，発送部門までの情報をすべ

---

[12]. ここで言うイベントには，重要な記者会見のように前もってニュース性があるとわかっている予定などを含む．

てXMLで繋ぐというものである．また，Adobeが公開しているメタデータの枠組み，XMP（eXtensible Metadata Platform）についても，新聞技術への利用を検討する議論が出ている．

もちろん，RSSも新聞社のコンテンツ配信にとって重要な技術である．例えば朝日新聞社，神奈川新聞社などは，自社のウェブサイトで速報ニュースのRSSデータ形式を公開するといった取り組みを見せている．RSSに関してさらに興味深いことは，それが技術的な問題にとどまらず，ブログを支えるインフラストラクチャであることによって，既存マスメディアとは異なるオルターナティブなジャーナリズムの可能性をも示していることだ．

11.7 今後の展開——結語として

本章では，新聞社のメタデータ対応の現状を，NewsMLを中心に概観してきた．今後の展開については，予想の域を出るものでないが，NewsMLの実装が広がりを示していくこと自体は間違いない．汎用XML技術，汎用メタデータ技術のさらなる活用も進むものと考えられる．

NewsML（1.2版）は2005年7月にJIS規格（JIS X 7201）となっており，日本におけるニュースを扱う標準規格として，よりいっそうの普及が期待されている．しかし，NewsMLを実装し，その機能を最大限に活用していくためには，今もってさまざまな課題，困難が存在していることも確かであろう．新聞技術のXML化，メタデータ技術への対応という大きなトレンドを見据えた，新聞社，関連ベンダーのさらなるシステム開発に注目していきたい．

参考文献

[1] 三宅学：「NewsMLによるデータ交換と管理——マルチメディア・ニュース素材のための枠組み」，『2002画像電子学会 第30回年次大会——創立30周年記念コンファレンス——予稿集』，2002，pp.79–82.

[2] 谷口和正：「NewsMLを本格採用したマルチメディア・ニュース編集配信システム『新NEWS』の開発 ～ブロードバンド時代に向けて～」，『新聞技術』，182号，2002年12月，pp.24–33.

[3] 田中孝次：「NewsMLを本格的に採用した素材管理システム」，『新聞技術』，188号，2004年6月，pp.19–26.

[4] 坪井裕三：「NewsMLを本格的に採用した記事編集システム」，『新聞技術』，184号，2003年6月，pp.30–35.

[5] 堀内孝一：「『テーマ管理』のワークフロー確立」，『新聞技術』，193号，2005年9月，pp.10–17.

[6] 石川克彦：「『RadioTV-NewsML電文配信システム』の構築」，『新聞技術』，186号，2003年12月，pp.30–37.

(赤木 孝次)

第12章

サーバ型放送とメタデータ

12.1　はじめに

　2003年12月1日に東京・大阪・名古屋の三大都市圏では地上デジタル放送が始まり，本格的な放送のデジタル時代を迎えている．放送の基幹サービスとして，高画質，高音質のハイビジョン放送や，番組を視聴しながらさまざまな情報が得られるデータ放送が視聴できるようになった．また，デジタル技術は拡張性に富み，通信やコンピュータなどの技術との親和性に優れる．デジタルテレビは，受信機に備わっているインターネットとの接続機能を活用することで，視聴者は放送と合わせて，インターネット経由の情報を見ることが可能である．テレビは最も身近なメディアで，操作も容易であり「情報社会のゲートウェイ」として発展することが期待されている．家庭の情報環境の主役となる「総合情報端末」として，欠かせないものとなる可能性を秘めている．

　具体化の一つとして，サーバ型放送の検討が進んでおり，新たな放送サービスへの期待が高まっている．サーバ型放送では，放送局から新しく提供されるメタ

データ（番組に関するさまざまなデータ）を利用して，簡単な操作で多様な視聴形態を実現することを想定しており，さまざまな新しいサービスを実現する．

本章ではサーバ型放送で広がる新たな放送サービスと，その中でメタデータが果たす役割について述べる．

12.2　サーバ型放送でさらに広がる放送サービス

サーバ型放送の実現により，これまでのテレビの視聴形態や利用方法は大きく変わり，好きな時間に見たい番組を楽しんだり，知りたい情報を引き出したりすることが可能となる．そのために，サーバ型放送では，番組とともに，番組名やシーン名，取材地，出演者名など，メタデータとしてさまざまな番組関連情報を合わせて放送する．視聴者は，メタデータの付加された番組を，大容量のハードディスクを備えたサーバ型放送受信機に蓄積した後，受信機の検索機能によって多様な視聴サービスを受けることができる（図12-1を参照）．

コンテンツの伝送では，従来のリアルタイム形式の放送にとどまらず，ファイル型の伝送も規定されている．プログラムやゲームの伝送なども可能である．また，「メタデータ」については，現在のデジタル放送で利用されているEPGのみならず，多様なメタデータの使用を想定している．インターネットとの連携を容易にするために，メタデータの標準化が進められており，基本的な考え方はTVAF，MPEG-7などの検討結果に基づいている．

サーバ型放送サービス

サーバ型放送で想定される主なサービスは，大きく二つに分けられる．第一に，主番組の蓄積視聴とリクエスト視聴に関するサービスであり，放送と同時に視聴できるストリーム型，蓄積完了後の視聴となるファイル型と，通信伝送ネットワークを利用して番組をリクエストするVODサービスがある．第二に，メタデータを利用した特殊視聴，複数コンテンツ連動型サービスなどであり，ハイライト視聴，ダイジェスト視聴，マルチシナリオ視聴，ニュースの自動蓄積，最新情報への自動更新，関連番組の案内・視聴，放送・通信・蓄積連動型サービスがある．

具体的には，メタデータの付加されたニュースを次々と蓄積し，知りたい分野を選ぶことで，最新のニュースをいつでも視聴することができる．例えば語学番

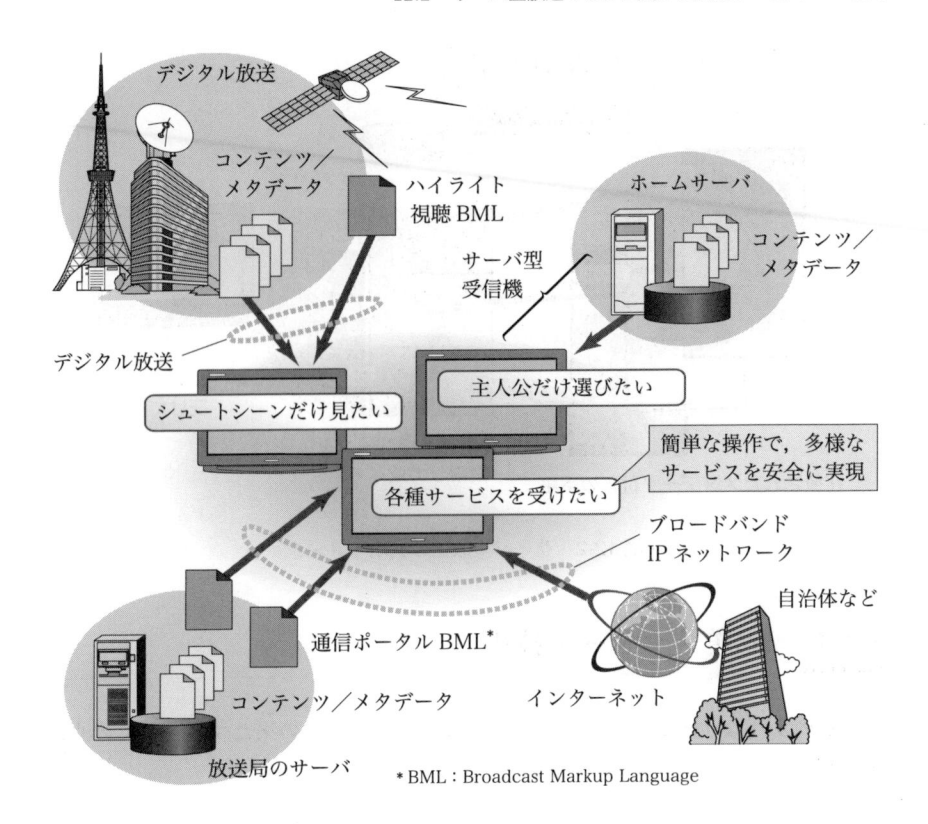

図 12-1 サーバ型放送で広がるデジタルテレビのイメージ

組では，会話シーンを自在に引き出し，番組テキストと合わせて活用することにより，より効果的に学習を進めることができる．番組の中の特定シーンを探し出して視聴することや，気に入ったコーナーをまとめて楽しむことも容易に可能となる（図12-2を参照）．また，インターネットからでも情報や番組，さらにメタデータを受信することができる．再放送の希望が多い番組や，アーカイブスに保存された過去の名作を，求めに応じてインターネットで提供することも技術的には可能である．

　メタデータと関連する映像コンテンツは，放送に付随して，または放送の前後に，サーバ型受信機に接続されたブロードバンド回線を介して配信される．

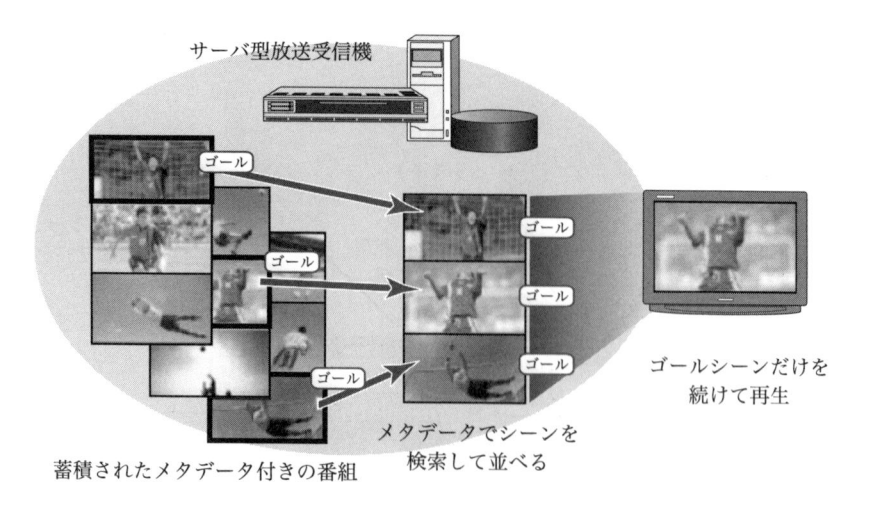

図 12-2 サーバ型放送の利用イメージ

12.3 放送メタデータ技術

上述のようなサービスを実現するために，メタデータの果たす役割を具体的に説明する．

12.3.1 ダイジェスト視聴サービス

シーン単位の開始時間，継続時間，ジャンルやフリーキーワードなどの情報を記述するメタデータ（セグメンテーションメタデータ）を利用することによって，特定の内容だけを選択的にノンリニアに視聴したり，複数のシーンを組み合わせて短時間に要約して視聴することができる（図 12-3 を参照）．

12.3.2 メタデータによるコンテンツ再生

メタデータを現在のデジタル放送の仕組みの中で送る方法として，データ放送のページを記述する言語である BML（Broadcast Markup Language）のコンテンツとして送る方法がある．BML コンテンツに記述されたメタデータによって，どのようにサーバ型の受信機で対応するコンテンツが再生できるのかを，図 12-4 を

12.3 放送メタデータ技術　197

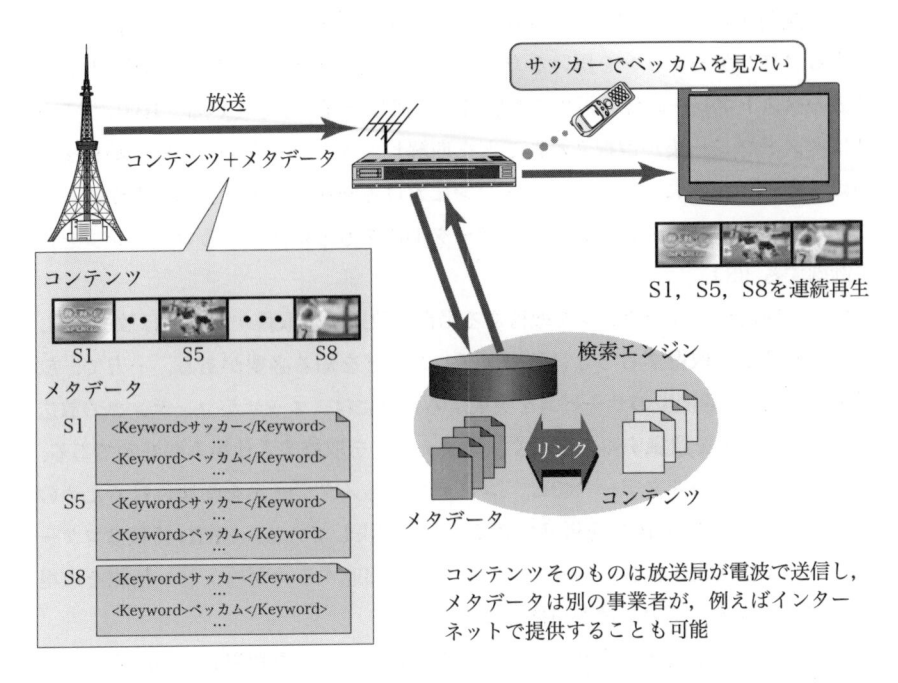

図 12-3　メタデータを利用したダイジェスト視聴

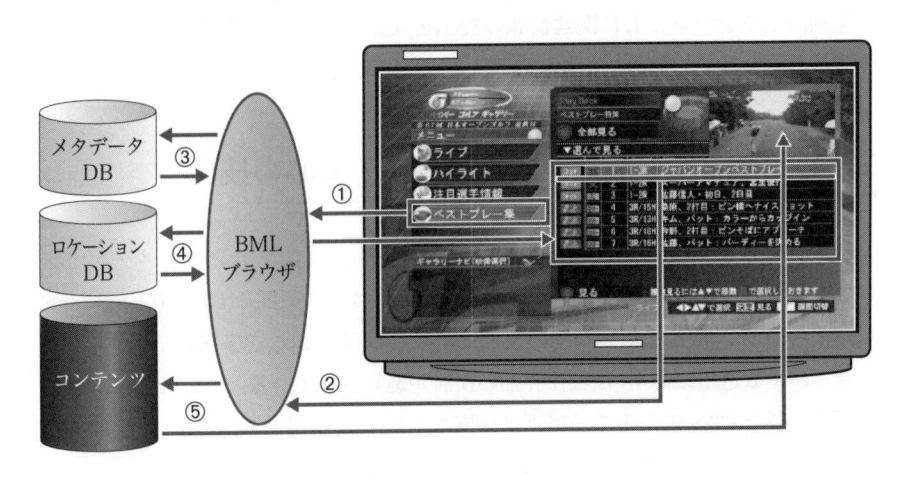

図 12-4　BML で記述されたメタデータとコンテンツの再生制御の例

用いて説明する．メタデータの操作画面の実現方式として，ここでは受信機に存在するアプリケーションを用いる方式を説明する．図12-4はゴルフ番組において過去のベストプレー映像の再生を視聴者が選択した例を示している．BMLブラウザはベストプレー集が選択されたことを理解し，メタデータDBの検索結果を画面に示す（①）．次に，ジャパンオープンにおける映像再生のリクエストがあったことをブラウザが理解し（②），メタデータDBをもとに該当するコンテンツを再生制御する（③）．

放送や通信からコンテンツを取得する場合，放送から取得するときは放送時間，通信や蓄積から取得するときはそのアドレスなどを知る必要がある．一方で，放送・通信・蓄積連携型のサービスを実現するためには，ユーザがコンテンツの放送時間やアドレスを意識することなく，コンテンツを取得する仕組みが必要である．

サーバ型放送のメタデータでは，コンテンツとメタデータを関連付けるためのリンク情報として，CRIDを併せて送ることで解決している．CRID情報はロケーションDBに反映される．ジャパンオープンに関連するロケーション情報を取得し（④），コンテンツの視聴が可能となる（⑤）．

現行のデータ放送は，メタデータの検索やメタデータを利用した視聴選択などの，メタデータの利用に対応していない．したがって，前記のような機能を実現するためには，BMLに新たにAPIを追加する必要がある．例えば一つのデータ放送画面上でシーンごとに関連情報の提示を変更したり，さまざまなメタデータの情報を差し替えて提示したりすることが可能となる．

12.4　サーバ型放送を支える安全・安心の技術

想定されるサービスが安心して利用できるように，コンテンツとメタデータの著作権管理保護技術が必要である．そのためにはより高度なCAS（Conditional Access System，限定受信）技術の実現が望まれる（図12-5を参照）．

サーバ型放送用のCASは現在詳細の検討が進められている．ここではサーバ型放送に必要なCASのことを，以下「高度なCAS」と表現する．

高度なCASには大きく分けて以下の二つの機能がある．

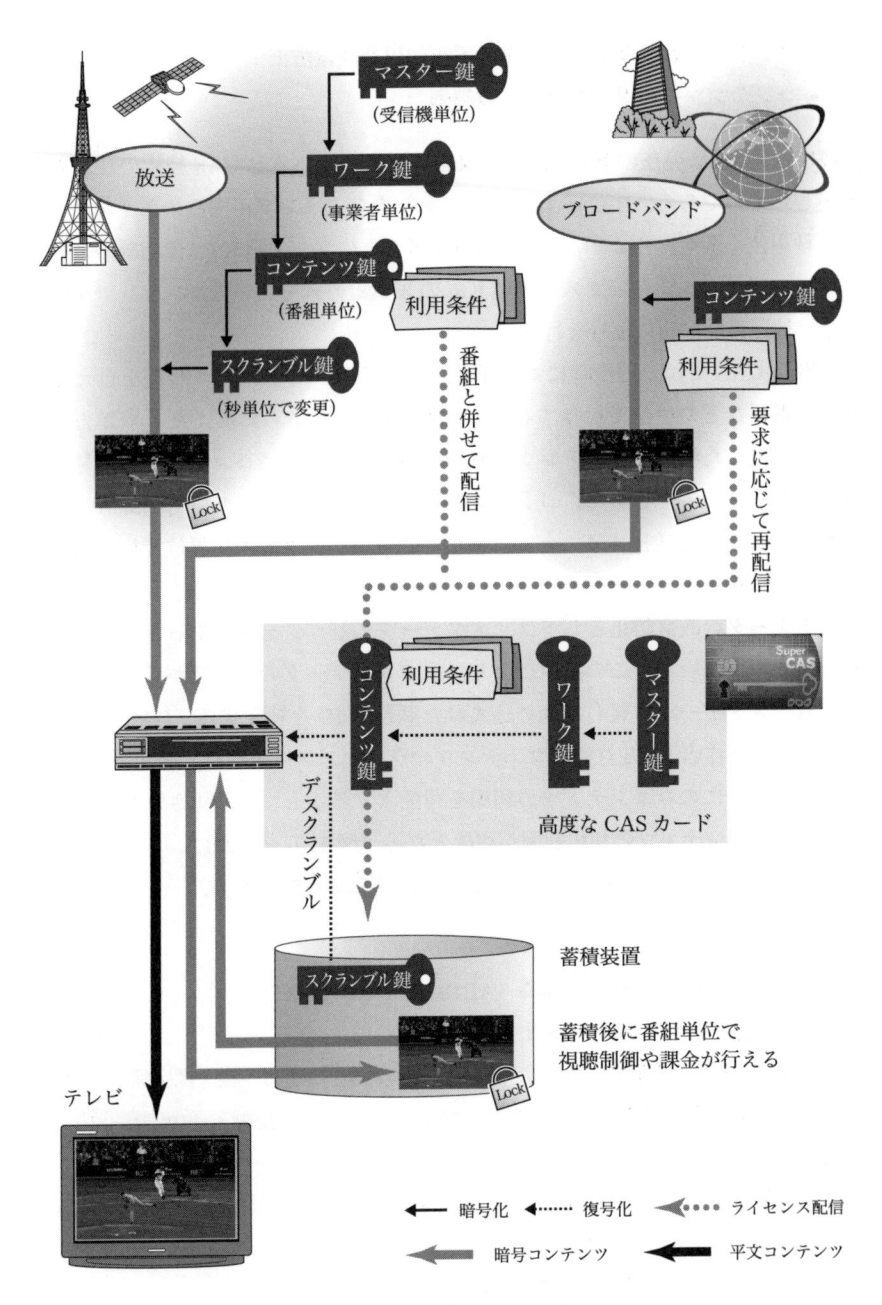

図 12-5　高度な CAS 方式

- コンテンツおよびメタデータの不正利用や改竄防止
- コンテンツの利用・課金方法の制御

　高度な CAS は現在の BS デジタル放送に利用している B-CAS 技術の仕組みを拡張したものである．B-CAS は，コンテンツをスクランブルするスクランブル鍵 Ks（秒単位で変更），Ks を暗号化する事業者ごとのワーク鍵 Kw，受信機のセキュリティモジュール固有のマスター鍵 Km の 3 重鍵方式を用いてコンテンツを暗号化し，放送の受信時に復号を行う．

　高度な CAS では，再生時に番組単位でコンテンツのアクセス制御を行えるように，番組などの単位で付与するコンテンツ鍵 Kc をさらに加えた 4 重鍵方式とし，暗号化した状態でコンテンツの蓄積を行い，視聴時にコンテンツを復号する方式となっている．さらに，コンテンツ鍵 Kc をコンテンツの利用制御情報である RMPI と併せて送出することで，蓄積したコンテンツを番組単位で利用制御可能としている．

　メタデータの改竄防止としては，メタデータの制作者を証明するために電子署名技術を用いている．この技術により，まずメタデータの正当性が受信機側で証明され，メタデータの署名に埋め込まれた制作者 ID を特定する．CAS 技術を用いて，その制作者 ID と対象のコンテンツのライセンスに書かれた制作者 ID とが一致した場合にのみコンテンツの利用を可能とすることで，許可されたメタデータのみでのコンテンツの利用制御が可能となる（図 12-6 を参照）．

　実現が期待されている高度な CAS として，下記の機能がある．

① 放送受信時のアクセス制御
　B-CAS 互換認証・課金制御（ARIB STD-B25 規格化済み）
② 蓄積再生時のアクセス制御
　コピー制御，視聴可能期間制御，蓄積後の契約による視聴・課金制御（ARIB STD-B25 規格化済み）．リムーバブルメディアでの視聴・課金制御への対応
③ ブロードバンド配信時のアクセス制御
　放送局サーバとの共通鍵方式や公開鍵方式による認証接続，ECM/EMM 方式など，ブロードバンドによるライセンス配信・制御
④ メタデータによるコンテンツ利用の制御
　放送事業者が制作したメタデータの改竄防止，第三者が制作したメタデー

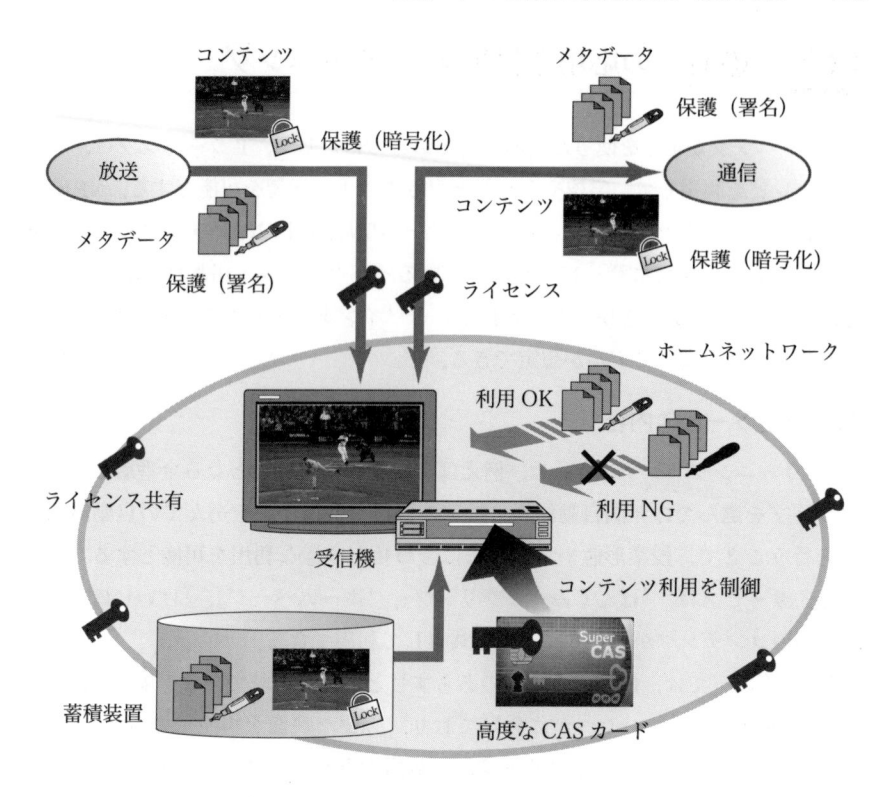

図12-6 高度なCAS技術のホームネットワークでの利用イメージ

タによるコンテンツ利用可否を放送事業者が制御
⑤ コンテンツ利用ドメインの制御
　教育コンテンツの学校内および先生・生徒の家庭内利用や，ライセンスを共有したホームネットワーク内利用など，特定コンテンツの特定ドメイン内での共通条件での利用制御
⑥ コンテンツ接触率の取得
　現行視聴率に替わるコンテンツ利用状況の取得
⑦ 個人認証機能，端末間認証機能
　電子政府・自治体サービスにおける個人情報利用など対応する認証機能

12.5　教育への応用を目指す T-ラーニング

　e-ラーニングが PC を使った個別学習であるのに対して，T-ラーニングは，デジタルテレビを利用して，学校や家庭などでさまざまな学習を可能とする．NHK では「T-ラーニングコンテンツ」として，サーバ型放送用「NHK デジタル教材」を検討している．すでにサービスを行っているインターネット用教材と素材を共有し，「デジタルテレビを使った一斉授業」と「インターネットを使った個別学習」を組み合わせた授業モデルが想定できる．

(1) 想定サービス内容

　「T-ラーニングコンテンツ」は，例えば小学校 6 年の教材となる全番組やビデオクリップを選んでの年間自動録画，特定の科目や番組のみを選んでの自動録画などを行うことで，授業形態や学習方法に合わせた多様な利用を可能とするものである．サービスは，「ばんぐみ」，「クリップ」，「ホームページ」，「けいじばん」の 4 種類のコンテンツからなり，素材を共有して利用できる．

　「ばんぐみ」では，放送済み番組のあらすじと本編を視聴できる．本編は，あらすじを映像とともにいくつかに分けており，必要な映像を再生できる．「クリップ」には，1〜2 分のビデオクリップが多数用意されている．ビデオクリップは，深夜などに放送されるもので，予約録画されていれば，好きなビデオクリップを再生することができ，一時停止・早送りなどの操作もできる．「ホームページ」は，学校での一斉授業のモデル授業を提案でき，先生が素材を自由に編集することを可能とする．「けいじばん」では，インターネットにより先生，生徒の意見交換などができる．

　このサービスの実現のためには，コンテンツ保護の観点から，コンテンツを自由に編集することができるのは学校の先生に限定することや，宿題や復習のために家庭で利用できるのは，生徒や特定の個人に限定する必要がある．そのためには，ホームネットワークなどのライセンス処理技術，認証技術が必須となる．

(2) インターネット向け NHK デジタル教材

　「南極キッズ」は，デジタル教材として，すでにウェブサービスを行っているもので，T-ラーニングに想定している 4 種類の主コンテンツの中に双方向性を生か

した複数のサブコンテンツが含まれている．「アニメーション」は，どうして南極で環境問題が起きているのか，どうすれば防げるのかを，クリックするだけで理解できる．環境問題に困っているペンギンを助ける「教材ゲーム」は，世界中の子供たちがインターネットにより協力することで，南極の環境問題が解決できることを学ぶものである．図 12-7 に示す「絵文字チャット」では，いっしょにコンテンツを利用している人と，絵文字で話して協力するようメッセージを送ることができる．この絵文字は世界 24 か国で使われていて，外国語を知らない人でも海外の人と交流できる．「けいじばん」は，自分の意見を書き込むことができ，自分で撮った写真や動画をビデオクリップと組み合わせて編集し，マルチメディアレポートを作成し発表することができる．

インターネット向けデジタル教材を T-ラーニングとしてサーバ型放送と連携するためにも，高度な CAS によるブロードバンド配信時のアクセス制御，メタデータによるコンテンツ利用の制御などの技術が必要になる．

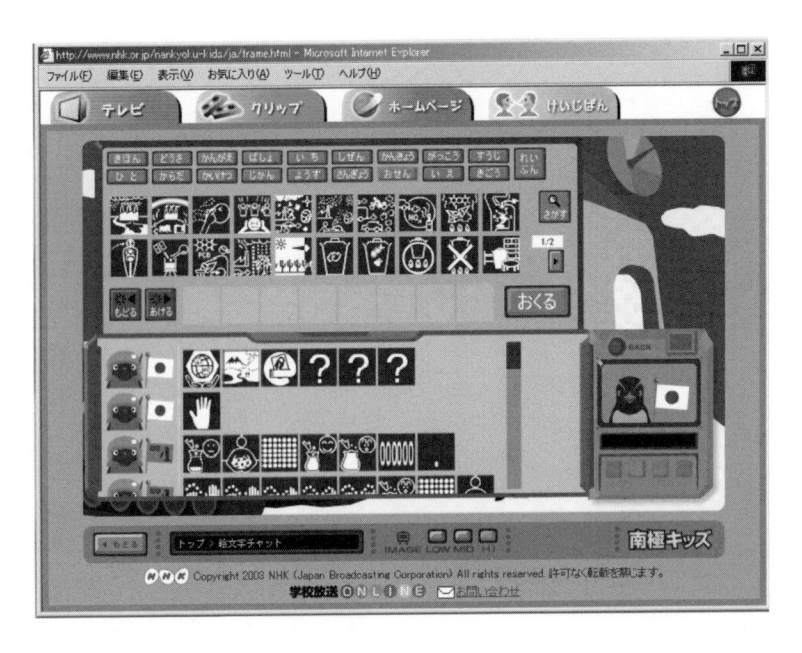

図 12-7　インターネット用 NHK デジタル教材「絵文字チャット」

12.6　おわりに

　本章では，サーバ型放送で広がる新たな放送サービスを紹介し，併せて必要なメタデータ技術や安全・安心を支える技術について述べた．さらに，教育放送番組をより深く理解する手助けとして，インターネットで教材を提供することも期待されている．

　放送とインターネットなどを効果的に組み合わせて，必要とする情報を安全かつ安価に提供することにより，視聴者の利便性をより高めることが可能となる．

　放送が通信と連携する新しいサービスは，放送番組との相乗効果を発揮することが期待される．メタデータはその核となる役割を果たすものと期待される．

〈藤田　欣裕〉

第13章

デジタルシネマのメタデータ流通

13.1 はじめに

　デジタル映像の優位性はフィルム映像（映画）に比較して制作，機器などが手軽に，低廉なコストで実現できることにあり，将来，コンテンツ配給方法も含めデジタル化が大幅に進むことが期待されている．しかしながら現状はデジタル化の途上段階であり，映画産業全体で共通化されたデジタルシネマ技術を確立し，制作から配信，上映まで首尾一貫した共通仕様を策定することが急務であると考えられる．

　文部科学省の「デジタルシネマ標準技術仕様開発プロジェクト」[1]はデジタルシネマに関する各技術要素の共通仕様を国際標準規格として確立することを目的に設立された．このプロジェクトの成果は，既存の映画制作プロセスに変革をもたらすばかりではなく，映画興行形態の変化や新しいビジネスの創生など，わが国の映像産業の活性化を促すものと期待される．

　本章では，デジタルシネマ標準技術仕様開発プロジェクトにおける検討の中か

らメタデータ流通に関する取り組みを紹介する．今後のデジタルシネマ流通においては，コンテンツの視聴・複製・二次編集の制御，課金・利益分配・契約など，ビジネスプロセスが安全・確実に実行できる環境が必要である．その基盤技術としてメタデータに着目し，デジタル著作権管理情報を含むメタデータの仕様策定や，その流通のための基盤技術に関する検討について述べる．

13.2 映画学校ネットワーク実験

13.2.1 映画学校ネットワーク

日本国内において各家庭にブロードバンド環境が普及しつつある．その潤沢な帯域をコンテンツ流通に生かすためにも，コンテンツ自体の訴求力とともに著作権処理が問題だと長らく言われている．日本の映画や漫画，アニメーションなどのコンテンツ産業は，厳しい条件のもとでも多数の作品を発信し続け，世界的に見ても常に何らかの作品がヒットしているか，もしくは注目を集めている．しかし，国によってコンテンツ産業の振興政策は実にさまざまな中で，日本のコンテンツ産業そのものを育てるコンセプトや流通基盤は旧態依然のままのようである．

映画コンテンツの流通に関しては既存の配給ネットワークに頼らなければならない部分があり，急速な構造的な変化は難しい．新たなネットワーク型のデジタルシネマの開発や，ユビキタスネットワークを用いた流通経路の開拓が不可欠である．ブロードバンド環境を生かしたデジタルシネマ流通が本格化すれば，今まで繋がらなかったコンテンツ制作者とユーザが繋がるといった，コンテンツ流通やクリエータ育成環境における変革が期待される．

デジタルシネマ標準技術仕様開発プロジェクトのメタデータ標準仕様作成グループでは，映像関係の学生の作品の公開，流通を目指し，ネットワーク型のデジタルシネマ配給ルートを開発しプロデュースする "Digital Cinema Gate" という映画学校ネットワーク実験プロジェクトを実施している（図 13-1 を参照）．この実験プロジェクトでは，映像関係の大学や専門学校をブロードバンドネットワークで結び，メタデータ技術やコンテンツ配信技術をベースにして，学生作品を相互に公開・閲覧するためのプラットフォームを構築した．ネットワークは日本国内をはじめイギリス，台湾，上海，オーストラリアなどの教育機関との連携を図って

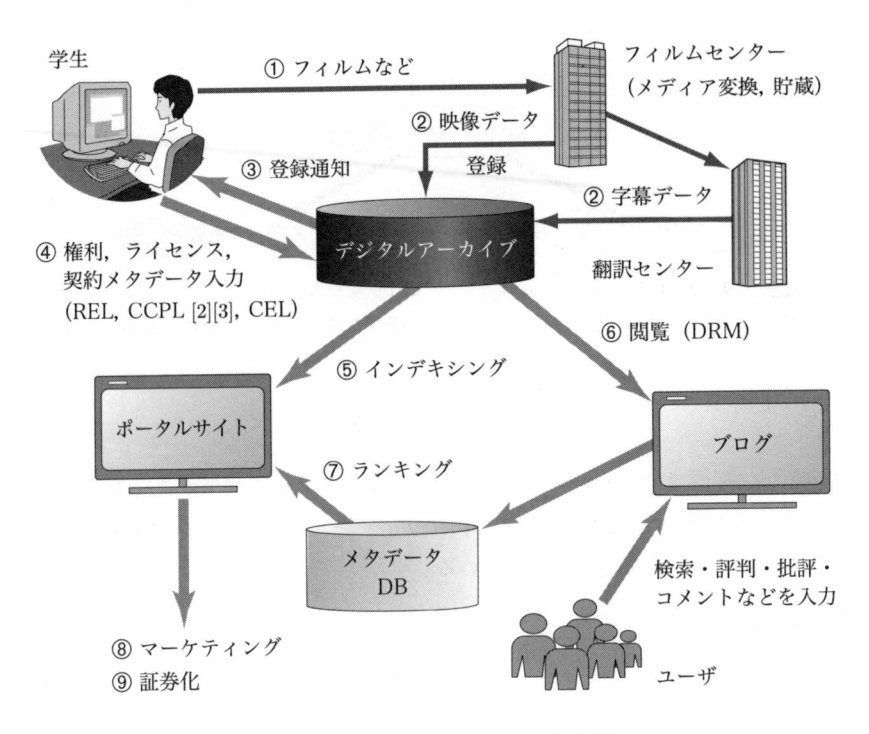

図 13-1 Digital Cinema Gate 概念図

いる．将来的には，映画関係の学生やクリエータ，流通事業者など，映画コンテンツ流通に携わるさまざまなプレーヤがこのネットワーク上で相互に連携し，映画コンテンツの流通に革新がもたらされることが期待される．

13.2.2 映画学校ネットワークにおけるメタデータ流通

(1) コンテンツ流通システムの機能構成とメタデータ流通

このプロジェクトでは，図 13-2 に示すように三つの機能プラットフォーム（PF）から構成されるコンテンツ流通システムを検討している．

(a) コンテンツ配信 PF

デジタルコンテンツを配信するためのサーバやネットワークに加え，配信を効率化するためにキャッシュサーバなどを利用した CDN の仕組みなどが含まれる．

```
                  サーバ，ネットワーク，CDN，P2P
                  などの配信インフラとその管理

                        コンテンツ配信 PF

              サービス PF          メタデータ流通 PF

    認証，課金，DRM 機能などの        コンテンツのライフサイクルモデルに
    サービスミドルウェア              基づくメタデータの生成，収集，管理
```

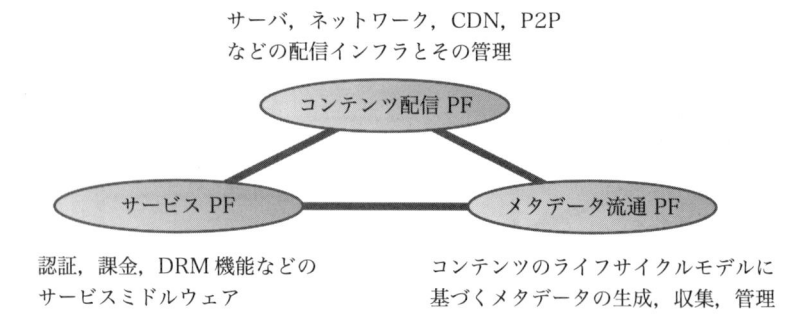

図 13-2　コンテンツ流通システム

コンテンツ配信では，サーバ／クライアント型のシステム構成が主であるが，最近では，DRM 機能の利用を前提とし，クライアント間でコンテンツを流通させる P2P 型のシステム構成も注目されている．

(b) サービス PF

認証や課金，DRM 機能など，サービスを遂行するために必要な機能を提供するサービスミドルウェアである．

(c) メタデータ流通 PF

このコンテンツ流通システムの特徴の一つは，デジタルシネマ流通の促進を図るためにメタデータ流通 PF を導入していることである．メタデータ流通 PF は，デジタルコンテンツの制作から視聴，評価に至るまでのライフサイクルを考え，各段階で生成されるメタデータを交換する機能を提供する．詳細は以下で述べる．

(2) デジタルシネマのメタデータ体系

デジタルシネマ流通を促進するためのメタデータ流通 PF を検討するにあたり，デジタルシネマコンテンツのライフサイクルモデルを検討する（図 13-3 を参照）．このモデルでは，制作 → 流通・配信 → 利用という一般的なライフサイクルに加え，コンテンツ利用者の「評価」という情報をメタデータとして導入している．この評価メタデータをコンテンツの制作や検索に利用することで，デジタルシネマコンテンツの流通促進，拡大再生産を狙う．

以下に，このライフサイクルモデルの各段階で生成されるメタデータの特性，お

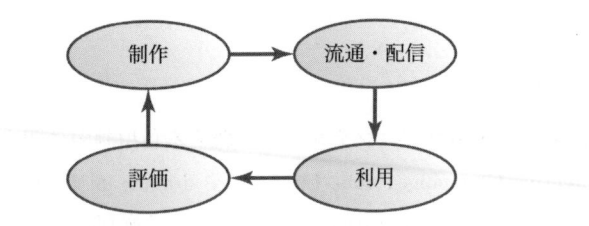

図 13-3 デジタルシネマコンテンツのライフサイクルモデル

よび各メタデータを利用して提供される機能について整理する.なお,メタデータの記述内容については,cIDf [4][5] で検討されたメタデータスキームを,このライフサイクルモデルをベースに再分類した.

(a) 制作メタデータ

要約やキーワードといった内容記述や出演者などコンテンツの内容を説明するための属性であり,主にコンテンツ制作者によって付与される.cIDf の「コンテンツ属性」にあたる.制作メタデータは主としてコンテンツの検索に用いられる.

(b) 流通・配信メタデータ

画像サイズ,継続時間,圧縮方式といった技術的仕様や,コンテンツ ID,URI などネットワーク上での存在場所を表し,主に配信事業者によって,コンテンツの配布形態,符号化形態ごとに付与されるものである.cIDf 仕様では DRM 処理に必要なデータとしての「権利運用属性」に含まれている.流通・配信メタデータは,ネットワークおよび端末の性能パラメータをもとに,コンテンツの利用環境に最適な配布形態のデータを得るのに利用される.これによってコンテンツの効率の良いネットワーク配信が可能になる.配信メタデータはまた,多様な仕様の端末やネットワーク環境でコンテンツを統一的に流通管理するために重要である.

例えば,インターネットでコンテンツをストリーミング配信する場合,通常はユーザのネットワーク環境に合わせたコンテンツファイルを用意しなければならない.これは,同一のコンテンツでも高品質のものは大容量であるのでユーザ側ネットワークに広帯域が必要となり,低品質のものは小容量であるので狭帯域で正常な視聴が可能であるためである.また,PC 端末向けのものと携帯電話向けのものとでは,異なる画面サイズ,もしくは異なる画素数のコンテンツの用意が必

要となる．

(c) 利用メタデータ

利用許諾条件や価格などコンテンツに付随する利用制限に関する項目である．CCPL（Creative Commons Public Lisence）や d-mark [6] の枠組みにおけるデジタル創作表現（DRE：Digital Rights Expression）や権利記述言語（REL：Rights Expression Language）による権利に関する記述は，このメタデータの重要な一属性になる．cIDf の「権利属性」，配信メタデータに分類された部分を除く「権利運用属性」，「流通属性」，「分配属性」に該当する．利用メタデータは利用許諾条件の明確化，ユーザ側での DRM 処理のポリシー決定に用いられるのに加え，将来的には利用許諾条件の調整やコンテンツ流通に伴う種々の契約の電子化での利用などが期待される．

(d) 評価メタデータ

コンテンツの評価に関する記述であり，コンテンツの制作時ではなく，コンテンツを利用時に，コンテンツ利用者によって付与されるものである．これは cIDf では範囲外となっていた．評価メタデータは制作メタデータと同様に検索のために用いられるが，当該コンテンツを過去に利用した人の知識（評価情報）を利用して検索を行うという点に特徴がある．評価メタデータを利用または生成する際に，ソーシャルフィルタリングやデータマイニングといった技術が利用可能である．

(3) 評価メタデータの活用

映画学校ネットワークにおいては上述のメタデータ分類の中で特に評価メタデータの流通に着目した．制作メタデータ，配信メタデータ，利用メタデータは流通以前に値が決まるが，評価メタデータは流通後に値が生成され確定する点に特徴がある．ここでは，前者を事前メタデータ，事後メタデータと呼ぶことにする．

事前メタデータは，ライフサイクルの各段階を管理するプレーヤによって付与される．よって，一箇所での集中管理または付与場所ごとの分散管理などによるデータベース化が容易である．一方，評価メタデータは，

- 多数の利用者によって付与される
- メタデータ生成，変更，追加が継続される

といった特徴があり，事前メタデータとは性質を異にし，メタデータの生成，管理，品質保証をどのように行うかが課題となる．

従来，コンテンツへのメタデータ付与は，制作者主導により行われており，制作物に関する関連情報やその著作物の権利に関するものが多い．また，コンテンツに付与されたメタデータの値は固定的である．このことは映画，テレビ放映，CD 販売，DVD 販売などによるコンテンツ流通が制作者から利用者へと一方向での流通であったことにも起因する．しかし，現在ではブロードバンドの普及により，ウェブ，VOD，P2P など，コンテンツのネットワークを介した流通も可能な環境が整いつつある．これはコンテンツ流通において双方向通信が利用できるようになったことを意味し，コンテンツに対するメタデータを，制作者だけではなく利用者も付与し，流通させることができるようになったということである．

コンテンツに対して制作者が固定的にメタデータを付与するだけではなく，利用者の視聴活動により動的に変化するメタデータを追加し，管理することができれば，コンテンツが利用されるに従い，メタデータが増加する．これは利用されることにより市場動向を反映する形で付加価値が高まるということである．このようなコンセプトに基づき導入を行ったのが評価メタデータである．

(4) メタデータ流通プラットフォーム

既存の映画紹介サイトにおいても，作品の評価情報を収集・管理・公開する機能が提供されているものがある．このようなサイトの多くは一つのポータルサイトを中心としたシステムとして提供され，デジタルコンテンツやそれに関連するメタデータを集中管理している．このようなポータル型の仕組みでは，コンテンツ制作者やコンテンツ利用者はすべて直接当該サイトにアクセスし，情報の管理と利用を行わなければならない．ところが，最近のブログの台頭に見られるように，個人が手軽に情報発信をする手段が整備されつつあり，これに伴ってメタデータが生成される環境も分散化される傾向にある．よって，このような散在するメタデータを効率的に収集し，管理する手段が重要になる．

以上の議論をまとめると，評価メタデータを取り扱うメタデータ流通プラットフォームには以下のような機能要件があげられる．

- 情報発信環境の分散化に伴って散在するメタデータを収集・管理する仕組み
- 大規模な評価データをメタデータとして効率的に管理する仕組み

13.3 Digital Cinema Gateシステム

13.3.1 システムの概要

前節において提案したメタデータ体系およびメタデータ流通プラットフォームの評価を行うために，Digital Cinema Gate システムを開発した．その概要を図 13-4 に示す．

このシステムは，映画作品および作品情報を掲載する複数の映画作品ブログサイトと，各ブログサイトのメタデータを収集し，管理するポータルサイトから構成される．情報発信のプラットフォームとして，コンテンツ制作者が容易にコンテンツ情報を発信できるという観点からブログに注目している．以下にブログの特徴についてまとめる．

- ウェブサイトへの容易な情報発信機能
- プラグインによる簡易な機能追加
- ブログサイト間での相互リンク機能（トラックバック機能）
- 記述情報メタデータの XML 形式での配信機能

ここで重要な点としてあげられるのは，ブログがメタデータの交換機能を有すること，そしてプラグイン機能により機能拡張が簡易に行えることである．後者

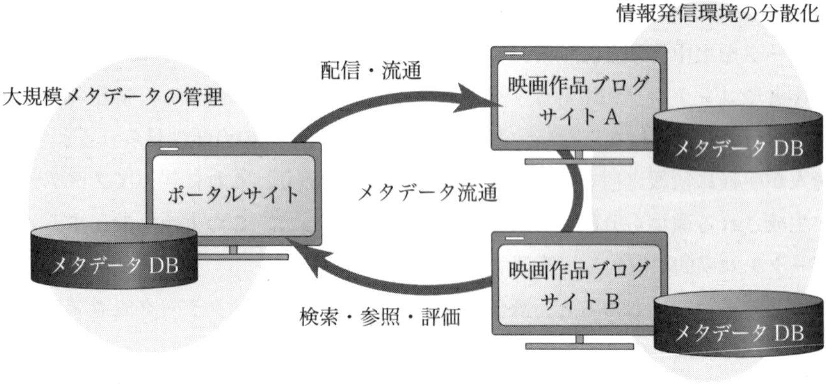

図 13-4　デジタルシネマ・メタデータ流通

については，一般に普及しているブログのプラグインとして開発を行うことにより，このプロジェクトが提案するメタデータ流通プラットフォーム機能を既存のブログ環境へ容易に展開させることができることを意味する．

最近では，さまざまなウェブサイトやニュースサイトでの RSS や Atom [7] などのメタデータを記述するための XML 標準形式を用いて情報発信を行うサービスが注目されている．デジタルシネマのメタデータスキームは，このようなメタデータ標準への機能拡張として展開できる可能性がある．デジタルシネマ流通の促進には制作・情報発信者などのプレーヤの増加が不可欠であり，世の中にすでに普及している仕組みとの親和性が高いことは，大きなメリットの一つと言える．

13.3.2　システム構成

このシステムは，ポータルサーバとそれを取り巻く複数の映画作品ブログサーバから構成されている（図 13-5 を参照）．各サーバの機能・役割の概要を説明する．

(1) 映画作品ブログサイト

(a) ブログサーバ

映画作品ブログサイトは映画作品および作品情報を表示し，作品の評価を行うことができるサイトである．コンテンツ制作者がコンテンツを公開したいときに，簡易にコンテンツを公開できる仕組みをもつ．コンテンツ制作者はコンテンツのアップロードに合わせて，そのコンテンツに関する各種メタデータの登録を行う．その際，コンテンツのライセンス条件として，通常の著作権表示のみではなく，コンテンツの二次利用を許諾するためのライセンス体系の一つである CCPL を選択することが可能である．登録されたデータはサイト上でブログの記事という形で公開される．

映画作品ブログサイトは映画作品に対する評価情報を投稿する機能ももつ．サイトの利用者が作品を視聴し終わると作品評価記入画面が起動し，評価情報を投稿することができる．また，作品情報を表示しているサイトで評価結果の投稿ボタンをクリックすることでも評価情報を投稿できる．作品評価は作品の総合評価の選択（0〜5 点），映画作品内容（主演，演出，CG，ストーリー，美術など）の

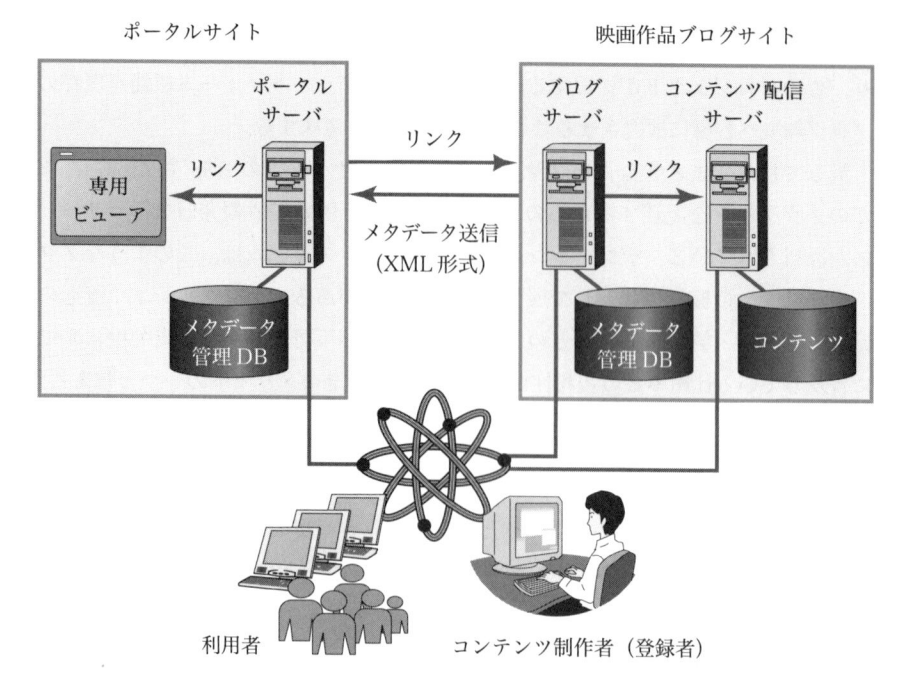

図 13-5　メタデータ流通プラットフォーム

うち優れている項目の選択，および作品に対する自由記述であるコメントからなり，評価の投稿後には他の評価情報とともに統計処理される．

ブログサーバの機能を以下にまとめる．

- コンテンツの情報登録
- コンテンツの著作権情報の明示
- コンテンツの情報表示
- コンテンツの評価情報収集と結果表示
- お勧め作品の紹介（URL，紹介者情報などのメタデータをメールで通知）

このシステムは一般に急速に普及しつつあるブログをベースに開発を行っている．そのため，ブログに一般的な機能である次のような機能も併せ持つ．

- 作品に関係ない記事の登録

- トラックバック
- ログインアカウント

(b) コンテンツ配信サーバ

　コンテンツ配信サーバは，アップロードされたコンテンツのアーカイブとしての機能と，利用者にコンテンツをストリーミング配信により視聴させる機能をもつ．映画作品ブログサイト上にはコンテンツ配信サーバ上のコンテンツへのリンクが形成されており，利用者がリンクをクリックすることでストリーミング用のクライアントが起動し作品を閲覧できる．

　Digital Cinema Gate システムは，現在は映画学校間の閉じたネットワークでの利用に限られるため DRM は用いていない．今後オープンな形で公開される場合，DRM の機能が必須となる．

　コンテンツ配信サーバの機能を以下にまとめる．

- コンテンツアーカイブ
- コンテンツ配信（ストリーミング）

(2) ポータルサイト

　Digital Cinema Gate システムの入り口となる代表サイトである．ポータルサイトは映画作品の一覧などを集約しており，メタデータによる検索，バナー表示，ランキング表示，最新登録作品の表示などの機能をもつ．ポータルサイトへの映画作品の登録は，コンテンツ制作者が映画作品ブログサイトでメタデータを登録することで完了する．作品ブログサイトへの登録時に，作品ブログサイトからポータルサイトへと XML 形式の登録メタデータが送信され，ポータルサイトのもつメタデータ DB に登録される．同時に，ポータルサイトから各作品ブログサイトへのリンク（バナー）を形成する．図 13-6 にブログサイトからポータルサイトへと送信されるメタデータの XML データフォーマットを示す．

　ポータルサイトの機能を以下にまとめる．

- コンテンツのバナー表示
- コンテンツの一覧表示（カテゴリ別，登録順）
- コンテンツの検索
- 全コンテンツの評価情報に基づくランキング表示

```xml
<?xml version="1.0" encoding="UTF-8"?>
<!DOCTYPE cIDfMain SYSTEM "sample.dtd">
<cIDfMain>
    <Evaluation>
        <System>
            <evaluatePicture>作品総合評価平均<evaluatePicture>
            <evaluateStory>ストーリー票数<evaluateStory>
            <evaluateActor>主演票数<evaluateActor>
            <evaluateDirector>演出票数<evaluateDirector>
            <evaluateArt>美術票数<evaluateArt>
            <evaluateEditor>編集票数<evaluateEditor>
            <evaluateCG>CG 票数<evaluateCG>
            <evaluateCount>評価件数</evaluateCount>
            <evaluatDatetime>最新評価日時<evaluatDatetime>
            <audience_rating>作品視聴率</audience_rating>
            <Pageview>作品サイト閲覧数<Pageview>
            <Trackback>リンク数<Trackback>
            <datetimeEnd>評価情報最終更新日時<datetimeEnd>
        </System>
    </Evaluation>
</cIDfMain>
```

図 13-6　評価メタデータの XML データフォーマット例

13.3.3　システムの利用シーン

　今までの映画作品のコンテンツ流通では，ハリウッド映画に代表されるように一部のコンテンツ制作を職業とするプロが制作した最大公約数の内容の作品を，映画館，レンタル DVD，セル DVD，放送などを通じて利用するしか一般利用者には選択肢がなかった．これは，アナログ機器が中心でインターネットが普及していない世界では，アマチュアがコンテンツを制作し，簡単に発表することが難しかったからである．しかし，現在では，PC，デジタルビデオカメラ，カメラ付き携帯電話や映像編集ソフトなどのツールの普及により，アマチュアでも比較的高品質なデジタルコンテンツを制作できるような環境が整いつつある．

　Digital Cinema Gate は，セミプロ，アマチュアを問わず，映画作品などのコンテンツ制作者が作品をインターネットに公開し，閲覧，評価してもらうことができるシステムである．このシステムはブログを利用しており，コンテンツ制作者

が簡単に作品を発表するための仕組みをもつ．また，公開したコンテンツが，どのように利用・評価されているかを知ることができるため，コンテンツ制作者の発表意欲を促進する．

　このシステムに登録されているコンテンツは，必ずしもポータルサイト経由で閲覧されるとは限らない．作品閲覧のための順路は 2 通り考えられる．第一は，ポータルサイトにおいて映画作品の情報を入手し，各ブログサイトへと移動し閲覧していくケースである．第二は，ポータルサイトをまったく経由せず，他のブログサイトとのリンクや，他者からの推薦により作品ブログサイトを閲覧していくケースである．これは，ブログではトラックバックによる相互リンクやコメントなどによりコミュニティを形成することが比較的容易で，サイト間での交流が盛り上がることが想定されるためである．

　このシステムでは，上記いずれのケースにおいても利用者のブログ上での行動が評価情報として収集される仕組みがあり，コンテンツ公開後のプレーヤである利用者も重要な役割をもつ．

13.4　デジタルシネマのメタデータ

　本節ではデジタルシネマのメタデータの詳細について紹介する．

　まず，各メタデータは図 13-3 にあるように，制作，流通・配信，利用，評価の四つに分類される．それぞれの代表的なメタデータ項目を表 13-1 に示す．

13.4.1　デジタルシネマのメタデータ項目

　デジタルシネマのメタデータ項目の検討にあたり，ダブリンコアの主要 15 要素[1]および cIDf 仕様[2]のメタデータを参考にし，デジタルシネマのメタデータ体系

---

[1]. ダブリンコアの主要 15 要素（Dublin Core Metadata Element Set）：1995 年米国オハイオ州ダブリンにて開催されたワークショップにおいて，司書，デジタル図書館研究者，コンテンツプロバイダ，テキストマークアップ専門家などによって，ネットワーク上のあらゆる情報リソースの探索のために必要なメタデータ項目として規定されている．現在普及しているメタデータ標準の一つで，2003 年 2 月には ISO15836 として国際標準となった．

[2]. cIDf の推奨メタデータは，標準化団体である cIDf により cIDf 仕様書（第 2.0 版，2002 年）としてまとめられたものを指している．cIDf のメタデータは，コンテンツの情報検索，合成記録，権利関係の記述のために規定されている．

表 13-1　デジタルシネマのメタデータ提案（一部）

分類	要素名	要素名（和名）	定義	DC	cIDf
制作	title	表題	作品名	○	○
	subject	主題	作品キーワード，作品内容に含まれるトピック	○	○
	description	内容記述	作品説明，要約	○	○
	date	完成年	完成年	○	○
	produce	制作者	映画作品の内容に主たる責任をもつ人や組織（制作会社）	○	○
	publisher	公開者	リソース提供母体（学校名など）	○	
	contributor	寄与者	協力・貢献者（組織）名	○	
	genre	ジャンル	作品ジャンル	○	○
	identifier	識別子	コンテンツID	○	○
	director	監督	映画監督，クリエータ	○	○
流通・配信	bitrate	再生ビットレート	再生ビットレート		○
	URI	識別子	作品URL		○
	format	フォーマット	メディアタイプ	○	○
	size	ファイルサイズ	コンテンツ容量		○
	length	再生秒数	コンテンツの再生秒数		○
利用	play	再生許可	再生許可		○
	modify	修正許可	修正許可		○
	datetime_start	開演日時	開演日時		○
	rights	著作権	作品の著作権情報	○	○
	copyright_info	関連著作権	利用音楽，原作などの著作権		○
	commons_license	Creative Commons	Creative Commons ライセンス条件，作品二次利用に関する権利許諾条件		
	price	価格	価格情報		
評価	evaluatePicture	作品総合評価	点数による総合評価（主観評価）		
	evaluateFilming	撮影	点数による撮影に関する主観評価		
	audience_rating	作品視聴率	サイト閲覧者が作品を視聴する割合		
	duration	再生秒数	作品の再生された秒数		
	pageview	作品サイト閲覧数	作品情報ページのアクセス数		
	referrer	参照元情報	サイト閲覧時の元サイト情報		
	uid	ユーザID	ユーザ識別		
	gender	性別	利用者の性別		

DC：ダブリンコア

を形成する上で不足している部分は追加している．また，メタデータを具体的に決定するプロセスにおいて，実際に映画作品の制作および映画制作の教育に携わる映画学校とディスカッションを行うことで，単なるデジタルコンテンツとしてだけではなく，デジタルシネマ（映画）に特化したメタデータの策定を行った．

(1) 制作メタデータ

  カテゴリ 映画作品の制作に関する情報全般
  利用例   作品記事の表示，検索

 制作メタデータは，コンテンツが創作されるプロセスにおいて発生する内容記述を行うメタデータであり，各コンテンツに対して一意に設定されるのが特徴である．表 13-1 に示すように，ダブリンコアで記述可能なメタデータは制作メタデータが主であり，その内容はコンテンツに対するメタデータとして一般的なものである．さらに，個別の項目の決定には，cIDf の策定しているメタデータ項目も参考にし，デジタルシネマのメタデータ体系コンセプトに合致するものを採用している．

(2) 流通・配信メタデータ

  カテゴリ コンテンツの技術仕様，配信方法，配信条件
  利用例   ネットワーク環境に応じた，配信の最適化

 流通・配信メタデータは，表 13-1 に示すように，コンテンツの符号化などの技術仕様である．このメタデータの規定にあたり，cIDf 仕様のメタデータを参考に，デジタルシネマの符号化のパラメータを網羅した．制作メタデータがオリジナル作品に対して一意に存在するのに対し，流通・配信メタデータは流通形態の数だけ存在する．このように，流通・配信メタデータでは，上記のような流通条件の違いを管理するためのメタデータ項目を規定している．

(3) 利用メタデータ

  カテゴリ 著作権情報，利用条件，契約条件
  利用例   著作物の権利表示，利用制限

 利用メタデータで規定する権利に関するメタデータ項目は，表 13-1 で示すとおり，cIDf の標準メタデータ仕様では充実している項目である．これは，cIDf では

コンテンツに対し個別のコンテンツIDを付与することで，その利用管理を厳密に行うことを目的としていたためである．現在は映画学校間で閉じた環境での実験であるため，これらの利用制限のための機能は実現していない．

(4) 評価メタデータ

  カテゴリ コンテンツの視聴状況および映画作品ブログサイトの利用状況，評価情報，利用者情報
  利用例 評価アンケート，ランキング，利用動向の解析

評価メタデータの各項目は，ダブリンコアやcIDfではまったく規定されていない．デジタルシネマのメタデータ体系に即して検討しており，このシステムにおいて大きな特徴の一つであると言える．評価メタデータを導入したのは，映画作品ブログサイトが簡易にコンテンツを公開する機能をもつだけではなく，公開したコンテンツや作品ブログサイトがその後どのように利用され，評価さていれるかなどのマーケティング情報が，コンテンツに対する付加価値として重要であると考えているからである．以下に評価メタデータの小項目の分類内容について説明する．

 ① 主観評価
  デジタルシネマを閲覧した利用者が主観的に評価を行う項目である．楽しい，興味ある，美しい，感動したといった主観は人手により入力される．
 ② 客観評価
  映画作品のストリーミング視聴，映画作品ブログサイトの閲覧情報，他サイトとのトラックバック状況など，映画作品ブログサイトの利用動向に関する情報である．客観評価はシステムにより自動で収集される．
 ③ 利用者情報
  映画作品ブログサイトの評価アンケートを利用したユーザの氏名，年齢，職業，住所といった情報である．プライバシー保護の課題もあるので，利用者の情報発信ポリシーと整合させる必要がある．

これらの評価メタデータは，各映画作品ブログサイト上で定期的に統計処理され，ポータルサイトへと転送される．

13.4.2 評価メタデータの収集と解析

このシステムでは，映画作品ブログサイト上での活発な活動を評価メタデータとして収集する仕組みを実現している．利用者による映画作品ブログサイトの閲覧，コメント，トラックバックなどの行動が統計処理されて，メタデータとしてポータルサイトへと送信される．ポータルサイトのメタデータ DB には，ポータルサイトに登録されているコンテンツすべての評価情報が蓄積されている．収集された評価メタデータは，以下のような形で利用される．

- ポータルサイトでの全作品の作品総合評価点の表示（全体ランキング表示）
- 各映画作品ブログサイト上での作品総合評価点の表示
- 各映画作品ブログサイト上でのコメント表示
- 作品視聴率の表示

ポータルサーバのメタデータ DB に蓄積している評価メタデータは，ポータルサイトにリンクされている専用ビューアでデータ解析が行われる．このビューアは，映画作品ブログサイト間での相互リンクやサイトの利用度の情報をノードの大きさなどで表示する GUI となっている．これは，ネットワーク上に分散した映画作品ブログサイト上での利用状況を視覚的に把握するために導入された機能である．

現在の解析機能では，Digital Cinema Gate システムで収集されている評価メタデータは，すべてが有効活用されているわけではない．そのため，マーケティングの観点からも重要と思われる情報を収集した評価メタデータから抽出するためのデータマイニングが今後の課題である．

13.5 おわりに

デジタルシネマ標準技術仕様開発プロジェクトでは，デジタルシネマをインターネット上で流通促進させるためのメタデータ標準仕様を提案してきた．コンテンツの流通・管理の際に必要となるメタデータを標準化すると，異種システム間でメタデータを共有し流通させることができる．その結果，デジタルコンテンツの管理・検索が容易になり，コンテンツの流通が促進されると考えられる．ま

た，このプロジェクトでは評価情報をメタデータ標準の一部として扱うことを提案している．評価情報のメタデータ化によりインターネット時代における TV 視聴率のようなコンテンツの利用状況に加えてコンテンツの評価を扱えるなど，今後の新たなビジネスモデルの構築が期待できる．

　ブロードバンドが普及段階にある国内外において，インターネット上で扱われるデータはテキストから映像へと変化し，それに伴って扱うデータが巨大化する傾向にある．このような大容量のデータを効率的に管理・利用していくためには，コンテンツそのものの流通ではなく，このプロジェクトで提案している標準化されたメタデータを相互に交換するためのメタデータ流通プラットフォームが有効である．今後，コンテンツの分散管理とメタデータの流通を実現するメタデータ流通プラットフォームは，ますます重要となっていくと考えられる．

参考文献

[1] デジタルシネマ標準技術仕様開発プロジェクト (http://www.mpeg.rcast.u-tokyo.ac.jp/DCCSDP/).
[2] Creative Commons (http://creativecommons.org/).
[3] Lawrence Lessig: "the future of ideas", Random House, New York, 2001.
[4] content ID forum: "cIDf Specification 2.0", October 2002 (http://www.cidf.org).
[5] 安田浩・安原隆一監修，曽根原登ほか共著：『コンテンツ流通教科書』，アスキー出版，2003.
[6] 林紘一郎：「d マークの提唱」，"GLOCOM Review 4:4(40)"，April 1999.
[7] The Atom Syndication Format, Internet-Drafts, IETF, April 2005 (http://www.ietf.org/html.charters/atompub-charter.html).

　　　　　　　　　　　　　　（藤井 寛，杉山 武史，木谷 靖，曽根原 登）

参考 URL

1. A Guide to Institutional Repository Software v 3.0 —— http://www.soros.org/openaccess/software/
2. AdsML —— http://www.adsml.org/
3. Brain Science Research Center —— http://bsrc.kaist.ac.kr/new/english/main.htm
4. British Medical Journal オンライン版 —— http://bmj.com/
5. cIDf —— http://www.cidf.org/
6. Content ID —— http://www.cidf.org/
7. CRID（Content Referencing ID）—— http://www.tvaf.org/
8. datasharing.net —— http://datasharing.net/
9. Date and Time Formats —— http://www.w3.org/TR/NOTE-datetime
10. DCMI（Dublin Core Metadata Initiative）—— http://purl.oclc.org/dc/
11. DOI（Digital Object Identifier）—— http://www.doi.org/
12. DSpace —— http://www.dspace.org/
13. Dublin Core —— http://dublincore.org/
14. EBU —— http://www.ebu.ch/
15. EPFL Brain Mind Institute —— http://sv.epfl.ch/sv_LNMC.html
16. Eprints.org —— http://eprints.org/
17. EU-US Workshop: Databasing the Brain —— http://www.nesys.uio.no/Workshop/
18. GBDe —— http://www.gbde.org/
19. Gnutella —— http://www.gnutella.com/
20. Human Brain Project —— http://www.nimh.nih.gov/neuroinformatics/index.cfm
21. Human Brain Project Database —— http://ycmi-hbp.med.yale.edu/hbpdb/

22. Ifra —— http://www.ifra.com/
23. Indecs —— http://www.indecs.org/
24. Institutional Archives Registry —— http://archives.eprints.org/
25. Integrated Identifier Project for the Music Industr —— http://www.riaa.org/
26. IPTC (International Press Telecommunications Council) —— http://www.iptc.org/
27. ISBN (International Standard Book Number) —— http://www.isbn.org/
28. ISRC (International Standard Recording Code) —— http://www.ifpi.org/
29. ISSN (International Standard Serial Number) —— http://www.issn.org/
30. ISTC (International Standard Textual Work Code) —— http://www.collectionscanada.ca/iso/tc46sc9/wg3.htm
31. ISWC (International Standard Work Code) —— http://www.collectionscanada.ca/iso/tc46sc9/15707.htm
32. Metadata: Technology: DSpace Federation —— http://dspace.org/technology/metadata.html
33. MPEG —— http://www.mpeg.org/MPEG/index.htm
34. MPEG-7 —— http://www.itscj.ipsj.or.jp/mpeg7/
35. National Brain Research Cent —— http://www.nbrc.ac.in/index.html
36. NeruoIT.net —— http://www.neuro-it.net/
37. NIH Data Sharing Policy —— http://grants.nih.gov/grants/policy/data_sharing/
38. OAI-PMH の NII メタデータ・データベースへの適用について —— http://www.nii.ac.jp/metadata/oai-pmh/
39. OAI-PMH2.0 日本語訳 —— http://www.nii.ac.jp/metadata/oai-pmh2.0/
40. Open Archives Initiative —— http://www.openarchives.org/
41. Open Archives Initiative Protocol for Metadata Harvesting —— http://www.openarchives.org/OAI/openarchivesprotocol.html
42. Open Society Institute 機関リポジトリ構築ソフトウェアガイド第3版 —— http://www.nii.ac.jp/metadata/irp/osi_guide_3/
43. P/Meta —— http://www.ebu.ch/metadata/pmeta/v0100/html/P_META1.0/P_META3.html#anchor6
44. PubMed —— http://www.pubmed.gov/

45. Research Medical Library —— http://www.mdanderson.org/library/
46. Select List of Institutional Repositories —— http://www.arl.org/sparc/repos/ir.html
47. The Neuroinf.org —— http://www.neuroinf.org/
48. TV Anytime —— http://www.tv-anytime.org/
49. UPC (Universal Product Code) —— http://www.ean-int.org/, http://www.uc-council.org/
50. UPID (Universal Programme IDentifier) —— http://www.smpte.org/
51. Visiome プラットフォーム —— http://platform.visiome.org/
52. WAGILS —— http://find-it.wa.gov/gilsabot.htm
53. WoPEc —— http://netec.mcc.ac.uk/
54. XrML —— http://www.xrml.org
55. セマンティックウェブの階層構成 —— http://www.w3c.org/2000/Talks/1206-xml2k-tbl/slide10-0.html
56. 学術機関リポジトリ構築ソフトウェア実装実験プロジェクト —— http://www.nii.ac.jp/metadata/irp/
57. 国立情報学研究所メタデータ・データベース共同構築事業 —— http://www.nii.ac.jp/metadata/
58. 国立大学図書館協会 —— http://wwwsoc.nii.ac.jp/anul/
59. 政府データ標準カタログ —— http://www.govtalk.gov.uk/gdsc/html/default.htm
60. 千葉大学学術成果リポジトリ：Chiba University's Repository for Access To Outcomes from Research —— http://mitizane.ll.chiba-u.jp/curator/about.html
61. 大学 Web サイト資源検索 (JuNii：大学情報メタデータ・ポータル試験提供版) —— http://ju.nii.ac.jp
62. 超流通 —— http://sda.k.tsukuba-tech.ac.jp/SdA/SdAbib.html
63. 日本新聞協会 —— http://www.pressnet.or.jp/
64. NI に関する調査 —— http://www.brain.riken.go.jp/reports/neuroinform/index.htm

略語一覧

AAP	the Association of American Publishers
ADR	Alternative Dispute Resolution
ADSL	Asymmetric Digital Subscriber Line（非対称デジタル加入者線）
AGLS	Australian Government Locator Standard
API	Application Program Interface
ARIB	Association of Radio Industries and Businesses
ATSC	Advanced Television Systems Commitee
B-CAS	Broadcast-Conditional Access System
BI	Bioinformatics（バイオインフォマティクス）
BIEM	Bureau International des Sociétés Gérant les Droits d'Enregistrement et de Reproduction Mécanique
BML	Broadcast Markup Language
BSD	Berkeley Software Institution
BSI	Brain Science Institute（理化学研究所・脳科学総合研究センター）
CAS	Conditional Access System（限定受信）
CATV	CAble TeleVision service
CCC	Copyright Clearing Center
CCPL	Creative Commons Public License
CDN	Content Delivery Network
CEL	Contract Expression Language
CEO	Chief Executive Officer
CID	Chief Information Officer
cIDf	content ID forum
CIDOC CRM	Le Comité international pour la documentation Conceptual Reference Model
CISAC	Confederation Internationale des Societes des Auteurs et Compositeurs
CODASYL	Conference on Data Systems Languages
CRF	Content Reference Forum
CRID	Content Reference ID（コンテンツ参照識別子）
CSI	Cyber Science Infrastructure

CURATOR	Chiba University's Repository for Access To Outcomes from Research
DAVIC	Digital Audio-Visual Council
DBMS	Data Base Management System
DC	Dubline Core
DCD	Distributed Content Descriptor
DCMI	Dublin Core Metadata Initiative
DDL	Data Description Language
DMCA	Digital Millennium Copyright Act（米デジタルミレニアム著作権法）
DNS	Domain Name System
DOI	Digital Object Identifier
DOIF	Digital Object Identifier Foundation
DRE	Digital Rights Expression（デジタル創作権）
DRM	Digital Rights Management
DSII	Digital Science Information Infrastructure
DVB	Digital Video Broadcasting
EAN/UCC	European Article Number / Uniformed Code Council
EBU	European Broadcast Union
EC	European Community
ECM/EMM	Entitlement Control Message / Entitlement Management Message
e-GIF	e-Government Interoperability Framework
e-GMF	e-Government Metadata Framework（電子政府メタデータフレームワーク）
e-GMS	e-Government Metadata Standard（電子政府メタデータ標準）
EPG	Electronic Program Guide（電子番組ガイド）
ERIC	Educational Resources Information Centre thesaurus
ETSI	European Telecommunication Standards Institute
FGDC	The Federal Geographic Data Committee
FTTH	Fiber To The Home
GBDe	Global Business Dialog on e-commerce
GCL	Government Catalog List（政府カタログリスト）
GI	Geographic Information
GILS	Government Information Locator Service
GPL	General Public License
GUI	Graphical User Interface
HBP	Human Brain Project
HOPE	Highly Operational Processing & Editing system
HTML	Hyper Text Markup Language
IAGC	Information Age Government Champions
ICANN	Internet Corporation for Assigned Names and Numbers,

ICT	Information and Communication Technology
IDA	Interchange of Data between Administrations
IDF	International DOI Foundation
IEEE	Institute of Electrical and Electronics Engineers
IETF	Internet Engineering Task Force
IFPI	International Federation of Phonograph and Videogram Producers
IMSC	Information Management Strategy Committee
INCF	International Neuroinformatics Coordinating Facility
IPMP	Intellectual Property Mangement and Protection（知的財産権の管理）
IPR-DB	Intellectual Property Rights - DataBase
IPTC	International Press Telecommunications Council（国際新聞電気通信評議会）
IPv4	Internet Protocol version 4
ISAN	International Standard Audiovisual Number
ISBN	International Standard Book Number
ISDN	Integrated Services Digital Network
ISO	International Organization for Standardization
ISP	Internet Service Provider
ISRC	International Standard Recording Code
ISSN	International Standard Serial Number
ISTC	International Standard Textual work Code
ISWC	International Standard Work Code
ITU-R	International Telecommunication Union Radio Standardization Sector
ITU-T	ITU Telecommunication Standardization Sector
IX	Internet eXchange
JAN	Japanese Article Number Code
Jmeta	Japan Metadata exchange
KAIST	Korea Advanced Institute of Science and Technology
KLV	Key Length Value
LAN	Local Area Network
LCSH	Library of Congress Subject Headings
LOM	Learning Object Metadata
MAITY	MAInichi Treasure sYstem
MARC	MAchine Readable Cataloguing
MARC	Machine Readable Code
McSH	Medical Subject Headings
MIReG	Managing Information Resource for e-Government
MPA	Motion Picture Association

RSS	RDF Site Summary
SCPL	Science Commons Public License
SDMI	Secure Digital Music Initiative
SGML	Standard Generalized Markup Language
SMPTE	Society of Motion Picture and Television Engineers
SNS	Social Networking Site
SPARC	the Scholarly Publishing and Academic Resources Coalition
SSN	Social Security Number（社会保障番号）
STM	Science, Technology and Medicine
TCP/IP	Transmission Control Protocol/Internet Protocol
TVAF	TV Anytime Forum
UCC	Uniform Code Council, Inc.
UMID	Universal Material ID
UPC	Universal Product Code
UPID	Universal Programme IDentifier
URI	Universal Resource Identifier
URL	Uniform Resource Locater
URN	Uniform Resource Name
UTF-8	8-bit UCS Transformation Format
V-ISAN	Versioned ISAN
VOD	Video On Demand
W3C	World Wide Web Consortium
WAGILS	WAshington state Government Information Locator Service
WIPO	World Intellectual Property Organization
WoPEc	Working Papers in Economics
XML	eXtensible Markup Language
XMP	eXtensible Metadata Platform
XrML	eXtensitble rights Markup Language

MPEG	Motion Picture Expert Group
N&T	Notice and Takedown
NEWS	Nikkei Economic-data Wire Service
NI	Neuroinformatics（ニューロインフォマティクス）
NIH	National Institute of Health
NII	National Institute of Informatics（国立情報学研究所）
NITF	News Industry Text Format（ニュース産業テキストフォーマット）
NIWG	Neuroinformatics Working Group
NOIE	National Office for the Information Economy
NRV	Neuroinformatics Research in Vision（視覚系におけるニューロインフォマティクスに関する研究）
NSK	Nihon Shinbun Kyokai（日本新聞協会）
OAI-PMH	Open Archives Initiative Protocol for Metadata Harvesting
OASIS	Organization for the Advancement of Structure Information Standards
OCW	Open Courseware
OIO-metadata	Offentlig Information Online metadata
ONIX	ONline Information eXchange
ONS	Object Name Service
OSI	Open Systems Interconnection
OSI	Open Society Institute
OSS	Open Source System
OWL	Web Ontology Language
P/META	EBU のプロジェクトの一つ．ヨーロッパにおけるメタデータの放送標準
P2P	Peer to Peer
PDF	Portable Document Format
PDR	Personal Digital Recorder（セットトップボックス）
PKI	Public Key Infrastructure
PL	product liability
POS	Point of Sales
RA	Registration Authority
RDD	Rights Data Dictionary
RDF	Resource Description Framework
RDFS	RDF Schema
REL	Rights Expression Language（権利記述言語）
RFID	Radio Frequency Identifier（電子タグ）
RIAA	Recording Industry Association of America, Ir
RMP	Rights Management and Protection
RMPI	RMP Information

索引

■ 英数字

A Decade of Neuroscience Informatics 136
AdsML 190
AGLS 158

B-CAS 200
Bernstein Centers for Computational Neuroscience 137
BI 136
BML コンテンツ 196
Brain Mind Institute 137
BSD オープンソースライセンス 171

CAS 198
CCPL 141
channel 86
cIDf 15, 54, 56, 217
CRID 22, 198
CURATOR 172

d-コマース 118, 122
Data Sharing and Preservation Policy 137
DDL 15
Digital Cinema Gate 206, 216
——システム 212
DRE 130
DRM 51
Dspace 171

e-Contract 141
e-GIF 152
e-GMF 151
e-GMS 152–154
e-コマース 118
EBU 15
EPG 7, 16

GILS 159

HBP Neuroinformatics Initiative 136
Hot On IT 121

ID 9, 17, 19
——の表現法 21
Ifra 190
IfraTRACK 190
IMSC 158
indecs 15
IPTC 180, 190
ISBN 23, 59
ISRC 59
item 86

KLV コーディング 15
Korean Initiatives on Brain-like Information Processing Systems 137

MIReG 152
MPEG 49
MPEG-1 49
MPEG-2 49
MPEG-4 49
MPEG-7 15, 49
MPEG-21 49, 55

National Brain Research Centre 137
NewsItem 182
NewsML 180, 181
——サポートチーム 180
——チーム 180
NI 134
——研究基盤 144
——日本ノード 139
——ノード 142
NII メタデータ記述要素 172, 173
NIWG 135
NRV プロジェクト 143

OAI 169
OAI-PMH 165, 169

Office of the e-Envoy 151
OSI 170
OWL 67, 90
　── DL 91
　── Full 91
　── Lite 90
OWL 予約語
　complementOf 99
　differentFrom 112
　FunctionalProperty 107
　hasValue 96
　intersectionOf 97
　InverseFunctionalProperty 108
　inverseOf 107
　oneOf 100
　owl:AllDifferent 113
　owl:allValuesFrom 94
　owl:cardinality 95
　owl:complementOf 96
　owl:DatatypeProperty 105
　owl:disjointWith 101
　owl:distinctMembers 113
　owl:equivalentClass 110
　owl:equivalentProperty 111
　owl:intersectionOf 96
　owl:maxCardinality 95
　owl:minCardinality 95
　owl:ObjectProperty 102
　owl:onProperty 93
　owl:Restriction 93
　owl:sameAs 110
　owl:someValuesFrom 94
　owl:Thing 100
　owl:unionOf 96
　rdf:type 93
　rdfs:subClassOf 92
　sameAs 111
　SymmetricProperty 106
　TransitiveProperty 106
　unionOf 98

P/Meta 15
Personal Visiome 146
Publication Model 136

RDD 55
RDF 67, 79
REL 55
RFID 20
RMP 17, 52
RMPI 52

RSS 67, 86, 191

SCPL 141
SDMI 60
Semantic Email 74
SMPTE 15

T-ラーニング 202
　──コンテンツ 202
TopicSet 182, 185
Towards a Roadmap for NeuroIT-version 1.0 137
TVAF 16, 47

UMID 23
URI 67

Visiome
　──環境 144
　──プラットフォーム 145

WAGILS 45
WoPEc 45

■あ

アダプテーション・メタデータ 140
アフィリエート 128
意味的情報理論 76
インスタンス 68
映画作品ブログサイト 213
欧州 IDA プログラム 152
オープンアクセス 168
オントロジ 65, 142
　──記述言語 OWL 67, 90

■か

学術機関リポジトリ構築ソフトウェア実装実験プロジェクト 172
機関リポジトリ 165, 166, 169
クオリティ・メタデータ 141
クラス 67, 92
検索 8
限定受信 198
権利・利用許諾メタデータ 141
コモンズ 129
コンテキスト 4
　──メタデータ 141
コンテンツ 5, 19, 65
　── ID フォーラム 15, 56, 217

──再生　196
──参照識別子　22, 198
──配信　125
──配信 PF　207
──配信サーバ　215
──流通　122

■ さ

サーバ型放送　41, 194
サービス PF　208
サブ要素　153
事後メタデータ　210
自主保管　168
事前メタデータ　126, 210
シミュレーションサーバ　146
主語，述語（プロパティ），目的語　80
情報
　　──管理戦略委員会　158
　　──の意味的統合　71
　　──流通　122
数理モデル　134
制作メタデータ　209, 219
セマンティックウェブ　65
相互運用性　70

■ た

ダイジェスト視聴サービス　196
ダブリンコア　15, 44, 217
　　──の 15 の要素　45
　　──メタデータ記述要素　173
著作権管理保護　198
データベース　11, 28
　　──可視化技術　147
データマイニング　147
デジタル
　　──共有地　129
　　──コマース　118, 122
　　──コモディティ　117
　　──シネマ　217
　　──シネマ標準仕様開発プロジェクト
　　　　　205, 206
　　──商取引　118, 122
　　──創作権　230
電子
　　──契約　141
　　──商取引　118

──番組ガイド　7, 16
トランスフォーマティブ・コンテンツ　130

■ な

内部プレーヤ　58
南極キッズ　202
日本新聞協会　180, 185
　　──NewsML レベル 1 解説書　185
ニューロインフォマティクス　133
ノード　81

■ は

パーソナルリポジトリ　74
ハーベスタ　170
バイオインフォマティクス　136
評価メタデータ　126, 210, 220
ファイル型の伝送　194
符号化スキーム　153
プレゼンス・メタデータ　139
ブログ　191, 212
プロパティ　65, 67
ポータルサイト　215

■ ま

無料オンライン公開　168
メタデータ　5, 19, 65, 123, 169, 179, 194
　　──制約記述　69
　　──問合せ記述　68
　　──管理システム　126
　　──記述言語 RDF　67, 79
　　──の使用　27
　　──の整合性　68
　　──流通　125
　　──流通 PF　208
メディア中立　181

■ や

有向アーク　81

■ ら

リソース　67, 68
──，プロパティ，値　67
流通・配信メタデータ　209, 219
利用メタデータ　210, 219

編者・執筆者一覧

編者

曽根原　登（そねはら のぼる）　　国立情報学研究所 情報基盤研究系 教授

略　歴　　1976 年，信州大学工学部電子工学科卒業．1978 年，信州大学大学院工学研究科修了．1978 年，日本電信電話公社 横須賀電気通信研究所 画像通信研究部 入社．ファクシミリ，画像通信システムの研究実用化，CCITT 国際標準化に従事．1988 年，国際電気通信基礎研究所 ATR 視聴覚機構研究所 認知機構研究室 主幹．神経回路網システムの研究開発に従事．1992 年，NTT ヒューマンインタフェース研究所 映像処理研究部 GL・主幹．2000 年，NTT サイバースペース研究所 メディア生成プロジェクト部長．2001 年，NTT サイバーソリューション研究所 コンテンツ流通プロジェクト部長・主席．この間，手書き文字認識，気象予測，コンテンツ ID，コンテンツ流通の研究実用化に従事．2001〜2005 年，東京工業大学大学院 理工学研究科 連携講座 客員教授．2004 年 4 月より，NII 国立情報学研究所 情報流通基盤研究系 教授（工学博士）．

現在，デジタル創作権の表現と保護技術，インセンティブを用いた P to P 情報交換技術，P to P 情報資源共有技術の研究に従事．

著　書　　『サイバーインタフェースのデザイン』（共著，電気通信協会，2001 年），『コンテンツ流通教科書』（共著，アスキー，2003 年），『著作権の法と経済学』（共著，勁草書房，2004 年），『2010 年コンテンツ産業に必要な 8 つの要件 d-commerce 宣言』（共著，アスキー，2004 年），『デジタル情報流通システム』（共著，東京電機大学出版局，2005 年），『情報セキュリティと法制度』（共著，丸善サイエンスライブラリー，2005 年），『デジタルが変える放送と教育』（共著，丸善サイエンスライブラリー，2005 年）など．

岸上　順一（きしがみ じゅんいち）　　日本電信電話株式会社サービスインテグレーション基盤研究所，プロジェクトマネージャー，第三部門プロデュース担当プロデューサ，主席研究員

略　歴　　1978 年，北海道大学理学部物理学科卒業．1980 年，北海道大学物理学修士過程修了．1989 年，工学博士．磁気記録の研究，主に薄膜ヘッドのデザインと記憶装置の設計（1980〜1990 年），データベース部において Video-on-Demand の研究，動画に対する多重アクセス装置の設計（1990〜1992 年）を経て，1992 年，境界領域研究所研究企画部研究推進担当．1994 年，NTT America 副社長，IP 担当事業本部長．1999 年，NTT サイバースペース研究所 JBP J 検 GL，ソビ P 海外 GL，ソ流 P GL．現在，NTT サービスインテグレーション研究所 部長，NTT R&D プロデューサ，中期経営戦略室 理事．

研究所におけるグローバル関連，RFID，メタデータ関連のとりまとめなどに従事．

著　書　『シリコンバレーモデル』（共著，NTT 出版，1995 年），『デジタル ID 革命』（共著，日本経済新聞社，2004 年），『コンテンツ流通教科書』（共著，アスキー，2003 年），『RFID 教科書』（監修著，アスキー，2005 年）など．

赤埴　淳一（あかはに　じゅんいち）　日本電信電話株式会社 第三部門プロデュース担当 担当部長

略　歴　1983 年，京都大学工学部数理工学科卒業．1985 年，京都大学大学院工学研究科数理工学専攻修士課程修了．1985 年，日本電信電話株式会社入社．米国スタンフォード大学 計算機科学科 ロボティックス研究所 客員研究員（1989〜1990 年），NTT コミュニケーション科学研究所 主任研究員（1992 年），同研究所 研究企画部 育成・研究推進担当課長（1996 年），NTT コミュニケーション科学基礎研究所 主幹研究員（1999 年）を経て，2004 年，日本電信電話株式会社 第三部門 プロデュース担当 担当部長．

専門はセマンティックウェブ，ディジタルシティ，エージェント指向プログラミング．

著　書　『AI 奇想曲－「知」の次世代アーキテクチャ』（共著，NTT 出版，1992 年）など．

執筆者（掲載順）

岸上　順一	編者［序章，第 1〜3 章］	
赤埴　淳一	編者［第 4〜6 章］	
曽根原　登	編者［第 7〜8 章，第 13 章］	
臼井　支朗	理化学研究所 脳科学総合研究センター ニューロインフォマティクス技術開発チーム チームリーダー［第 8 章］	
川原崎雅敏	筑波大学大学院 図書館情報メディア研究科 教授［第 9 章］	
杉田　茂樹	北海道大学附属図書館［第 10 章］	
尾城　孝一	国立情報学研究所 開発・事業部コンテンツ課長［第 10 章］	
赤木　孝次	日本新聞協会 出版広報部 広報担当（前 技術・通信担当）［第 11 章］	
藤田　欣裕	NHK 放送技術研究所 ネットワークシステム部長［第 12 章］	
藤井　寛	NTT コミュニケーションズ株式会社 先端 IP アーキテクチャセンタ 担当課長，国立情報学研究所 共同研究員［第 13 章］	
杉山　武史	NTT コミュニケーションズ株式会社 先端 IP アーキテクチャセンタ，国立情報学研究所 共同研究員［第 13 章］	
木谷　靖	NTT コミュニケーションズ株式会社 先端 IP アーキテクチャセンタ 主査，国立情報学研究所 共同研究員［第 13 章］	

（2005 年 12 月現在）

メタデータ技術とセマンティックウェブ

2006年 1月30日 第1版1刷発行	編著者	曽根原　登
		岸上　順一
		赤埴　淳一

発行所　学校法人　東京電機大学
　　　　東京電機大学出版局
　　　　代表者　加藤康太郎

〒101-8457
東京都千代田区神田錦町2-2
振替口座 00160-5- 71715
電話 (03) 5280-3433 (営業)
　　 (03) 5280-3422 (編集)

制作	(株)グラベルロード
印刷	新灯印刷(株)
製本	渡辺製本(株)
装丁	右澤康之

© Sonehara Noboru, Kishigami Jay,
Akahani Jun-ichi　2006

Printed in Japan

＊ 無断で転載することを禁じます．
＊ 落丁・乱丁本はお取替えいたします．

ISBN4-501-54060-5　C3004